中村禎里

日本のルィセンコ論争

新版

米本昌平解説

みすず書房

目次

『日本のルィセンコ論争』を読む
――五〇周年記念版に寄せて

米本昌平

一

二一世紀の人の目には、『日本のルィセンコ論争』は少し不思議な本に映るかもしれない。なにしろルイセンコ学説（中村氏は「ルィセンコ」と表記）という、二〇世紀中期のソ連政権下でイデオロギー的な理由で権威を付与された遺伝理論の、日本への伝播という特殊な問題を扱っているからである。現在とは国内外の政治状況も、また生物学の内容も大きく異なっており、なぜこのような論争が起こったのか、理解しにくい面がいくつかあるだろう。だからどうしても、政治史と科学史の両面から全体を俯瞰しておくことが必要になってくる。

中村禎里著『日本のルィセンコ論争』の意義を要約すると以下のようになる。ロシア革命後に独裁体制を築いたスターリン（Joseph Stalin 一八七八―一九五三）と、続くフルシチョフ（Nikita S. Khrushche 一八九四―一九七一）の政権時代（フルシチョフは一九六四年一〇月に失脚）に、育種家であったルイセンコ（Trofim D. Lysenko 一八九八―一九七六）が、不十分な実験結果をもとに、独特の遺伝・育種理論を組み立てて絶大な影響力を持ったことで、その後のソ連の農業と生物学界に甚大な損害をもたらした。このルイセンコ学説は同時期の日本の生物学界にも少なくない影響を与えたのだが、その複雑で激しい論争の経過を、実証主義に徹してたいへんに見通しの良い「ルイセンコ論争」史として描き出したのが、この本である。中村禎里氏は多くの著作を残したが、これが代表作であることは間違いない。

ルイセンコ学説についてここで手短に述べておくと、ルイセンコは「春化」処理（秋蒔きの小麦に低温処理をして春蒔きの小麦に変えること、もしくはその逆）に関する実験結果を根拠に、当時世界的に本流であったメンデル遺伝学の遺伝子概念を否定した。そして、遺伝的性質は環境との相互作用で変化すると主張し、獲得形質が遺伝するという独特の遺伝理論を作りあげた。この学説は唯物弁証法に合致するものとしてソ連共産党公認の学説に格上げされ、他方でメンデル遺伝学は「ブルジョワ科学」であるとしてソ連の学界から一掃されてしまった。これによってソ連における遺伝学研究と農業は混乱し、長期停滞に陥ることになった。

そのため、後年はソ連－ロシアにおいても、ルイセンコ説といえばイデオロギー的理由で流布した非科学的学説であり、大規模な混乱を招いた典型例であるとして、長い間タブー視されてきた。ところがロシアでは二一世紀に入って以降、懐古的で愛国的で反西欧的な精神を持つ一部の人間によって、ルイセンコ学説の復活が叫ばれるようになっているという。ルイセンコ学説の焦点の一つであった「春化」という現象に「エピジェネティクス」という生物学的現象が対応していることが、近年になって具体的に明らかにされてきたからである。ただし、現在のエピジェネティクス概念は、かつてルイセンコが一方的に主張したものとは無関係のものであり、この点については後述する。

二

ルイセンコ学説の欠陥とその専制については、早い時期にメドヴェジェフ著『ルイセンコ学説の興亡[1]』が詳しく記している。ソ連時代前半の社会では、メンデル学説を支持した研究者は別の理由で告発されて刑務所送りになり、場合によっては獄死するという、過酷なイデオロギー統制が行われた。ルイセンコ失脚後も政治的にはイデオロギー統制が行われたが、一九八九年にベルリンの壁が崩れ、その二年後にはソ連自体が崩壊してしまい、今となっては想像もできないほど遠い過去の歴史に属する事例となっている。なぜ当時、メンデル＝ワイズマン＝モーガン学派の正統遺伝学を全否定するルイセンコ学説が現れ、政治的に支持されたのか。この問いに見通しの良い説明を与えるためには、マルクス主義の特性を考慮して一九世紀にまでさかのぼり、自然科学が担っていた社会的機能までも視野に入れて振り返る必要があると思う。

その自然科学は、一七世紀末のニュートンの科学革命に始まり、一八世紀の啓蒙主義を経て一九世紀に入ると、キリスト教会に代わって、神羅万象のすべてについて説明を提供する役回りを担うことになった。ここでの自然科学による説明の究極のモデルは、言うまでもなくニュートン力学であった。ただし、ニュートン力学をもって自然すべてを説明するのはむろん不可能であり、次善の策として「力の保存則」を念頭に置いたアナロジーを駆使して、因果論的説明の連鎖で自然を覆いつくすことが目指された。これが一九世紀の自然科学の使命であると信じられたのである。

一九世紀初め、ジョン・ドルトン（John Dalton　一七六六―一八四四）は、自然は究極の微粒子である原子からできていると考えて原子量の概念を提唱し、化学革命の引き金を引いた。これを機に、生命現

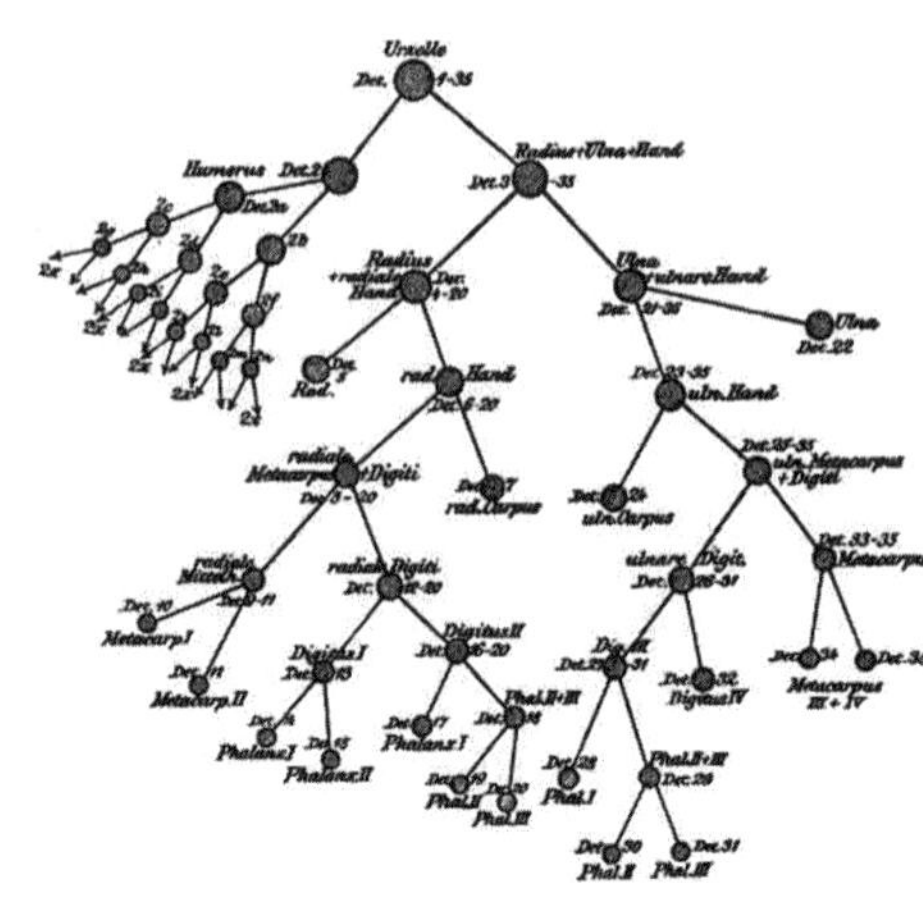

ワイズマンによる生殖細胞の分化の経路（August Weismann, *Das Keimplasma*, 1892）

象をすべて原子／分子の運動としてニュートン力学で説明しようとする力学主義（mechanism 日本での訳語は「機械論」）が現れた。

今日の生命科学者はもっぱら実験を行っているが、一九世紀の生物学者にとって第一の使命は、生命を統一的に説明できる理論を提示することであった。一八五九年に上梓されたダーウィン（Charles Robert Darwin 一八〇九―一八八二）の『種の起源』を、出版直後に読んだヘッケル（Ernst Haeckel 一八三四―一九一九）は、自然選択説こそは生命の合目的性を因果論的に説明する究極の原理だと直感し、『一般形態学』（一八六六）など多くの著作を著した。しかしヘッケルの言う因果論は、時間的に先行する現象が原因であるとする、漠然としたものであった。

このヘッケルの因果論の考え方を批判し、形態形成に関する「原因」の体系を厳格に考察して、『生殖質説[2]』（一八九二）という説明理論を提示したのが、同時代人のワイズマン（August Weismann 一八三四―一九一四）である。一九世紀ドイツ生物学においては、形態形成の原因として理論的に想定される原基（Anlage）という概念があった。ワイズマンは、形態形成とは階層構造をもつ原基の体系が発現していく過程であると考え、この時期に油浸レンズが開発されて明らかになっていた細胞分裂の詳細を考慮して、細胞分裂の際に現れる染色体の上に原基が並んでいると主張した。この生殖質説によれば、原因の体系はすべて受精卵に詰まっており、発生とはこれらがドミノ倒しのように自律的に進行していく過程であった。その中で生殖細胞だけはすべての原基を保持して次世代を形成するのであり、この理論に従えば、生きている間に獲得された形質は決して遺伝しない。

そして同時期に、これらの生命に関する解釈理論を実験で確かめようとする学派が現れた。長い間、生物学では、生命に対する操作的介入は対象を混乱させ奇形を作る攪乱でしかないと思われ、観察と記載が唯一の方法と考えられてきた。これに対して、個体発生に関するヘッケル流の曖昧な因果論的説明を否定し、厳密な因果論を論理的に積みあげて、生物学における実験を哲学的に正当化したのがルー（Wilhelm Roux 一八五〇―一九二四）である。二〇世紀に入ると、このルーの思想が発生学以外の生物学にも浸透し、今日の光景に近づいてゆく。

この新しいドイツ生物学の考え方を新興国アメリカに移植しようとしたのがモーガン（Thomas Hunt Morgan 一八六六―一九四五。中村氏は「モルガン」と表記）であった。モーガンは欧州の研究旅行から帰国すると、ショウジョウバエを実験生物に選んで、多数の突然変異体を集めて大規模な交配実験を開始した。当時はまだ発生学と遺伝学は分かれておらず、彼は、染色体上で突然変異体の原因遺伝子の位置を確定して、史上初めて染色体地図を作製した。つまりモーガンは、絶頂期にあったドイツ生物学の最先端の部分を、その哲学過多を慎重に濾過しながらアメリカに移植しようとし、これに成功したのである。モーガンは、ドイツにおけるたくさんの発生・遺伝に関する解釈理論をすべて迂回し、自らの研究とメンデルとを直結させて遺伝子の概念を論じた。こうしたモーガンの努力は実を結び、一九三三年に昆虫を研究対象とした研究者としては初めて、ノーベル医学生理学賞を受賞することになる。彼は一九二八年、カルフォルニア工科大学（Caltech）が新設した生物学科の責任者になると、生物学と物理・化学を

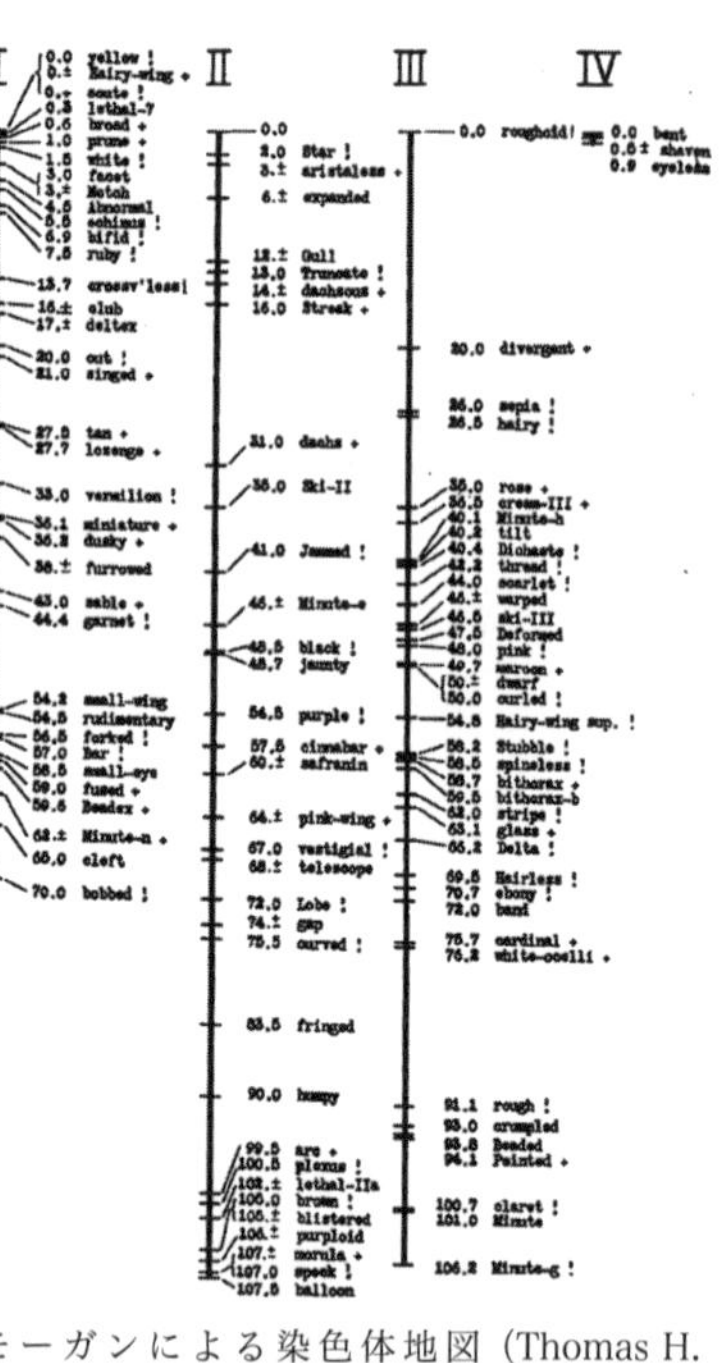

モーガンによる染色体地図（Thomas H. Morgan, *The Theory of the Gene*, 1926）

結びつけることを考えた。ちょうどそこに、遺伝現象を分子レベルで解明する夢を抱いてアメリカにやってきた、ドイツの若い物理化学者デルブリュック（Max Delbrück 一九〇六―一九八一）が現れ、モーガンは彼をスタッフに採用した。第二次世界大戦後、デルブリュックは、研究対象を大腸菌に感染する特殊なウイルス（ファージ）に絞り込んで、遺伝の仕組みを解明する研究プロジェクトを開始した。ここにロックフェラー財団が資金を投入し、分子生物学の基盤が形成された。その結果、やがてカリフォルニア工科大学からノーベル医学・生理学賞受賞者が続出するようになり、今日のアメリカにおける生命科学の爆発的展開につながるのである。これを準備した中心人物の一人が、モーガンだったのである。

ソ連におけるルイセンコ学説の出現と隆盛は、アメリカにおいてこのような新しい形の実験遺伝学が確立され、続いて分子生物学の基盤が拡大されようとする、生物学研究の転換期と重なっている。ソ連とアメリカという、二〇世紀後半にイデオロギー的も軍事的にも対立する二大超大国を、第二次世界大戦前後の知的な対応関係に置いて見ると、この時期のソ連にルイセンコ学説が登場してきたのも当然のように見えてくる。一九世紀精神の枠である因果論的思考のただ中で生まれたマルクス主義は、経済という下部構造が上部の精神構造を決めるという図式に立っていた。ルイセンコ学説はメンデル＝ワイズマン＝モーガンという遺伝学の本流を観念論的なブルジョワ思想として裁断し、固定的な遺伝子概念を拒否して、比較的に短時間で種が変わると主張したが、このようなルイセンコ説の登場は、スターリンにとってはまさに好都合なものであった。

だが、のちの遺伝学の発展を知るわれわれの目から見ると、ソ連の生物学者たちはモーガンの真意を読み誤ったことになる。一九一〇年にモーガンが、ドイツの実験発生学の思想をふまえつつ、コロンビア大学で実験遺伝学を始めたときには、ワイズマン学説はなお圧倒的な権威であった。しかしモーガンは、ドイツ生物学の理論過多の学風を注意深く排除し、体系的な交配実験の作業に集中して意識的に実証主義に徹したのである。実際、モーガンは一九二六年の『遺伝子学説』[3]の出版直前まで遺伝子（gene）という仮説的概念を採用しなかった。だがいったん、遺伝子概念が有効であることを確信すると、今度はそれを物理化学的に解明する方向に弟子たちを促したのである。

このモーガンの構想はみごとに花開き、今日の分子生物学の圧勝状態をもたらした。ただし、現在の光景をみると、あまりに成功しすぎたようである。あらゆる生命現象にはそれに対応する生体分子が存在すると想定し、該当する分子を抽出できればさらにその遺伝子を探査するのに熱中しているのが現状である。分子次元の成果は爆発的に積み上がってはいるが、研究領域の細分化が進む一方で、生命の全体像はどんどん茫洋なものとなり、つかみどころがなくなってきている。

ルイセンコ学説自体はイデオロギー色が強いものであったが、一方で、生命とはどのようなものであるかを語るのが生物学の課題であるという、一九世紀以来の哲学的姿勢を継承するものでもあった。だからこそこの本に登場する日本の生物学者たちも、現象の説明を粒子的遺伝子に帰するアメリカ的遺伝学からは一歩距離を置こうと試み、生命を生命として語り、進化論までを問題にしているのである。現在の生命科学から失われたのは、この水準の生命論であることは確実である。

実は、英米系の主要な進化論研究者は、一九四七年にプリンストンで会議を開き、第二次大戦までは割れていた進化要因論に関する見解で統一を見、現在の正統派進化論の総合説を形成する方向に一気に進んだ。[4] 現代進化論史では触れられることはないが、これがルイセンコ学説の獲得形質遺伝を否定する、暗黙の、しかし断固たる理論的な整備であったことを読みとるのは難しくない。進化要因論を「突然変異↓自然選択」の一本に集約させ、啓蒙色の強い総合進化説が西側の生物学界を圧していくのである。

一九五三年にはワトソンとクリックによって、DNA二重らせんモデルが発見され、一九六〇年代中期までには、大腸菌とファージをモデル生物とした初期の分子生物学の研究成果はおおよそ完了してしまう。遺伝情報はDNAに書かれており、遺伝情報はDNA↓RNA↓たんぱく質という一方向にのみ流れること（セントラル・ドグマ）、また、DNAから読まれたRNAの塩基配列がどのアミノ酸残基を指定するかのコード表までもが解明されてしまった。DNAの変異は無方向でランダムに起こり、環境が意味ある形でDNA配列に影響を及ぼすことはなく、獲得形質の遺伝は完全に否定されるに至った。これらが一九六〇年代までの分子生物学の成果である。

一方、ソ連では、フルシチョフが一九六四年一〇月に失脚し、これ以降、ルイセンコ学派の追放が本格化するのだが、その後遺症は広く長く残ることになった。ソ連の遺伝学研究は、ルイセンコの時代の破壊的な影響によって決定的な遅れをとることになったのである。

六〇年代末には、日本を含め世界中の科学界において、分子生物学的生命観が圧倒的な地位を獲得した。DNAは生命の設計図であり、獲得形質の遺伝はまったく非科学的なものという見解が、一般常識となった。

三

こうしてソ連－ロシアにおいても、ルイセンコ学説は国内の科学に混乱を招いた非科学的な学説として、学術的には最近まで長く完全に葬られてきたのだが、冒頭でも触れたように、近年になって「エピジェネティクス」の解明が進むと、ロシアでは一部の研究者が、ルイセンコ学説の復権を唱え始めた。ソ連の遺伝学を研究してきたL・グラハムの『ルイセンコの亡霊　エピジェネティクスとロシア』[5]によると、そのたぐいの言説にはさまざまなタイプのものがあるが、すべては非科学的なもので、歴史的にもルイセンコの実像を直視しないものが大半である。にもかかわらず、最近の生命科学においてエピジェネティクスという現象に注目が集まっているのをいいことに、ルイセンコ復活を企てる一部の人間は、エピジェネティクスこそルイセンコ学説が正しかったことを示す新たな証拠だと主張し始めている。その中には、生命科学の専門誌『セル』に掲載されたエピジェネティクスに関する総説[6]が、一言だけルイセンコに触れていることを、ルイセンコ復活の正当化論に大々的に利用している例もある。しかしこの総説は、ラマルクと並列して獲得形質の遺伝の主張者として言及しているだけで、ルイセンコを積極的に認めているわけではない。

エピジェネティクスとは、遺伝配列の変化を伴わない発生過程の調節のことである。もともとは、発生学者のウォディントン（Conrad H. Waddington　一九〇五―一九七五）が『遺伝子の戦略[7]』（一九五七）のなかでエピジェネティクス概念を体系的に論じた上で、「エピジェネティック・ランドスケープ」とし

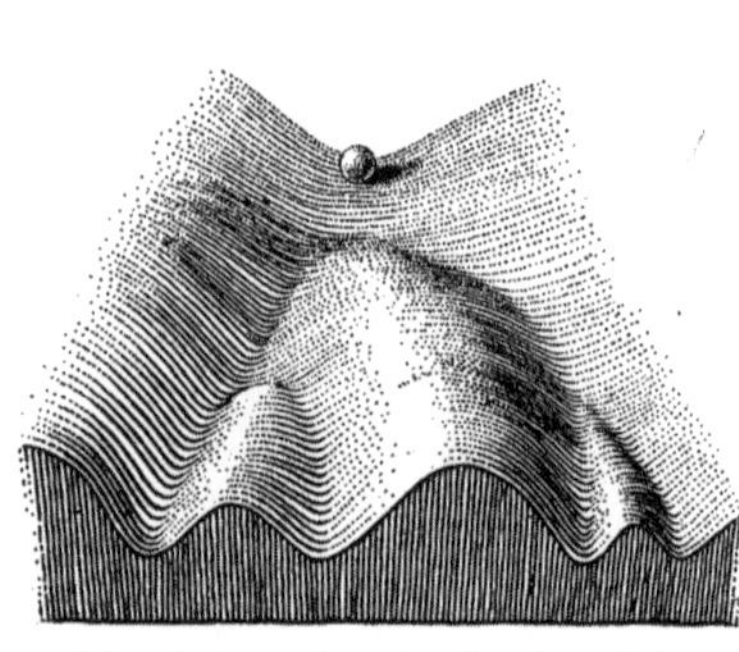

エピジェネティック・ランドスケープ（C. H. Waddington, *The Strategy of the Genes*, 1957）

て図示したために、専門家の間に強く印象づけられるようになったものである。

エピジェネティクス概念が二一世紀に入って重要性を帯び出したのは、ゲノム解読が飛躍的に進み、とくに高等生物のゲノムついて詳細が判明し始めたからである。初期の分子生物学の研究対象になった大腸菌などの原核生物と、核を持つ真核生物とでは、遺伝子発現の調節機構が大きく異なっていた。大腸菌などの原核生物では、初期の分子生物学が定式化したように、遺伝情報はDNA→RNA→たんぱく質へと流れるのをもってほぼ説明は終わりである。だが高等生物になればなるほど、ゲノム配列がたんぱく質をコードしている部分は小さくなり、ゲノムの大半はさまざまな長さのRNAに読まれて、いわば細胞分化を指示するレシピとして、遺伝子の発現をダイナミックで複雑な方法で調節していることがわかってきた。[8]

つまり、ゲノム配列は同じではあるが、遺伝子発現は多段階の仕組みで調節されており、まさにこれがエピジェネティクスという機構である。DNAに接近して見ると、DNA分子はヒストンという分子に巻きついており、ヒストンにアセチル基が着くと構造が緩んでDNAは読まれ易くなり、他方で、DNA分子にメチル基が着くとDNAは読まれなくなる。このようなDNAに関連する分子の修飾による発現の調節は、細胞分化の仕組みの一部であるが、このような分子修飾が次世代にも受け継がれると、エピジェネティックな次元での遺伝的変化が生じる。植物ではこのような例がいくつか報告されており、

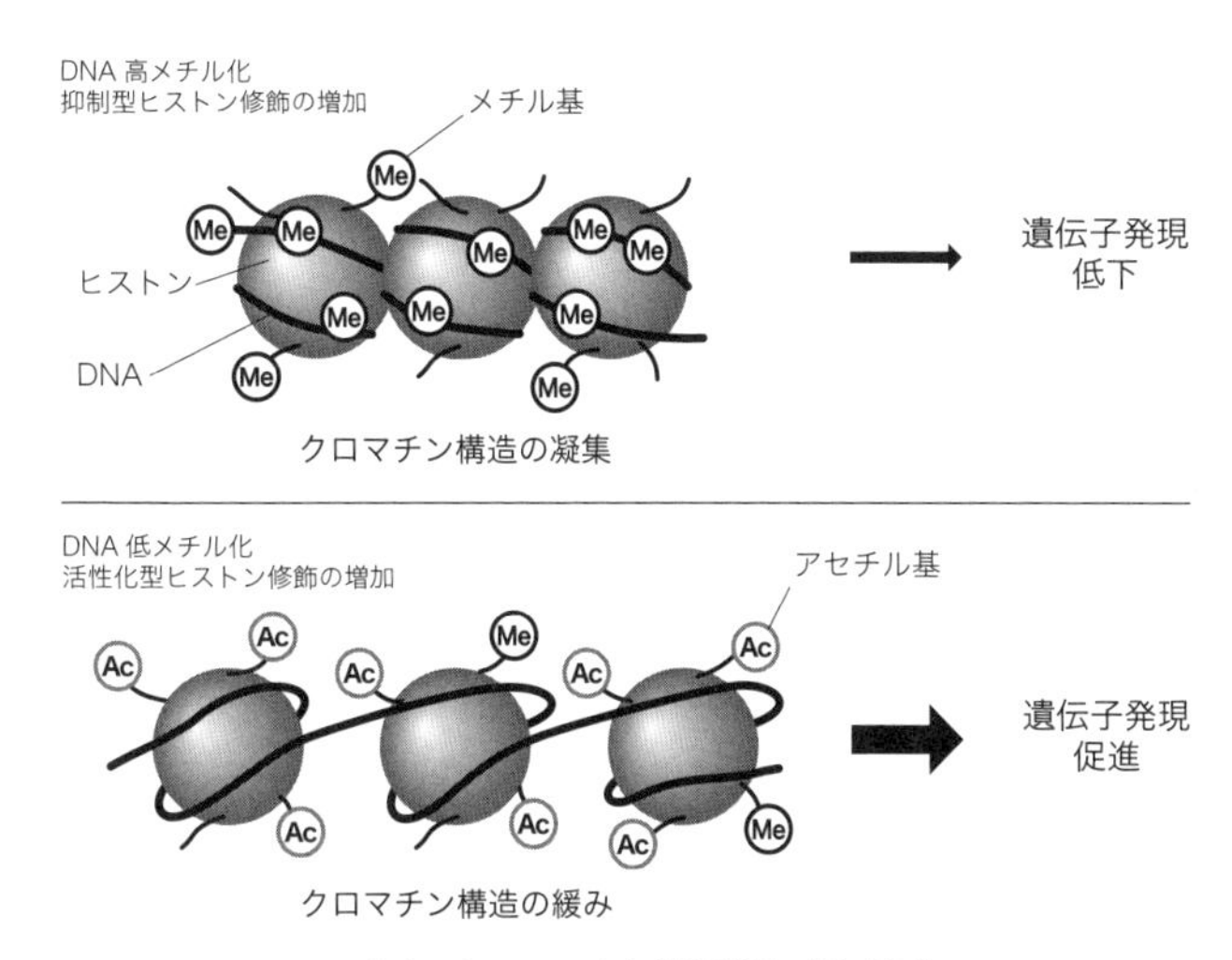

エピジェネティックな制御機構（模式図）

かつてルイセンコが自説の根拠とした、「春化」処理によって表現型が次世代へ継承されるという現象の一部は、エピジェネティクス現象として解釈することが可能である。現在ルイセンコ学説の復活を主張する者は、この点に自らの考えを不当に投影していることになる。

要するに、ルイセンコ学説は復活などしていない。が、それとはまったく別の次元で、ルイセンコ論争の読み方は転換点を迎えつつある。

われわれは時代精神（Zeitgeist）のうねりからは逃れられない。この本に収録されているのは、一九五〇年代〜六〇年代前半に日本の第一級の生物学者たちが、メンデル＝モーガン学説の実証的な成果を認めながら、同時にそれが一面的な説明であるかもしれないことを視野に入れ、生命の振る舞いについて真摯に考察し、議論を戦わせた記録である。やがて六〇年代には分子生物学の爆発的発展を迎え、メンデル＝モーガン遺伝学は、ワトソン＝クリック流の分子遺伝学にとって代わられる。そして、ルイセ

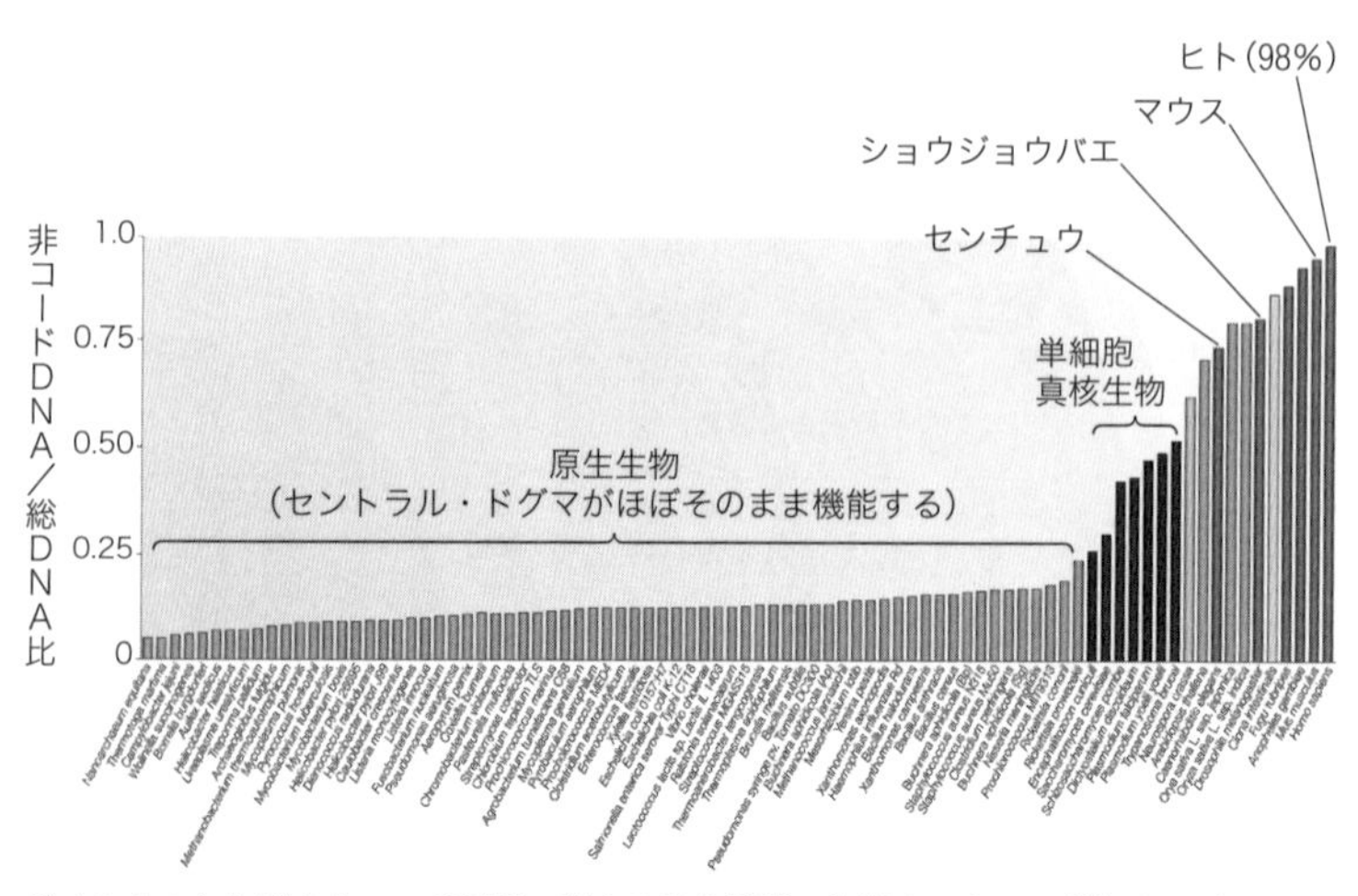

ゲノム中のたんぱく非コード領域の割合は発生機構の複雑さに応じて増加する（J. Mattick, *Nature Review Genetics*, Vol. 5 , p.317, 2004）

ンコ学説の評価をめぐって戦わされた生物学者たちの議論は、ひどく時代遅れのものに見え始めるのである。

だがさらに時代はめぐり、二一世紀のわれわれは、二〇世紀遺伝学の夢であったゲノム配列の機械解読を実現させてしまった。その結果、「ＤＮＡは生命の設計図」という比喩は迫真性を失い、解読されたゲノム配列が、どのように発生分化を実現させ、場合によっては次世代にまで影響を与えるのかという、エピジェネティクスがホットなテーマになっている。それはＤＮＡ中心の問題設定から脱却し、細胞全体のダイナミズムと発生過程における転轍機の機構を探究するものである。こうした研究のためには、初期分子生物学が浸透する以前の生物学が立っていた、一種の高みにたち戻る必要がある。こうして、半世紀前の第一級の生物学者の洞察がふたたび生気を取り戻すことになるのである。

四

最後に中村禎里著『日本のルィセンコ論争』を読む際の、戦後日本の知的雰囲気について捕捉をしておこう。

中村氏は、初版あとがきの冒頭でこう言っている。

「この著作は、私の研究成果といったたぐいのものではない。相当のエネルギーを費やしたのだから苦労はしたが、著作のねらいや内容からいうと、一種の「白書」である。戦後日本の科学思想史で、重要な位置をしめるルイセンコ論争の全貌を、まとめ、残しておこうと、私は考えた。」

中村氏は当時の科学史の常識によって、学問的成果とは古典的な研究対象に関する資料を発掘して、新たな分析を加えることと、信じていたようである。だが、こうして書きとめられた、スターリンの専制政治と生物学、ルイセンコ学説の日本への受容とその拒絶、生物学研究と党派性、進化論の思想的問題、ミチューリン運動の消長などという諸課題は、現代の科学史研究にとっては紛れもない重要問題である。敗戦直後から十数年にわたって繰りひろげられた日本でのルイセンコ論争について、この時点（一九六〇年代前半）で分析対象とすることが、どれほど神経とエネルギーを消耗する作業であったかは、いまでは想像ができないものとなっている。論争の当事者の大半が第一級の現役の研究者であり、そのことだけでも難物であった上に、研究者間の利害や思想的対立がたいへんに激しかった時代である。事実、本文を読めば当時は、個々人の見解の「正しさ」が死活的に重要であったことが伝わってくるはずである。この場合、唯一許されるのは、原資料を徹底的に集め、これに厳格に依拠しながらバランスのとれた総括的記述に撤することとしかない。そしてこれに成功するか否かは、全当事者がその最終成果に対して、近過去についての妥当な著述であると、無言の同意を示すか否かの一点にかかっている。そして中村氏にとっての初めてであるこの著作は、この関門をみごと突破したのである。

中村氏は三〇年後の再版のあとがきで、日本のルイセンコ論争を語るためにも、戦後日本のマルクス主義科学論争史の執筆を準備していたことを明かしている。この書かれなかったマルクス主義科学論争史は、後の者に残された重要な課題である。

敗戦翌年の一九四六年に民主主義科学者協会（民科）が成立した。その設立発起人には朝永振一郎や天野貞祐（後の文部大臣）など文系理系を問わず、幅広い研究者が名を連ねたが、当時の大学人がそうであったように多くはマルクス主義者であった。民科は、民主主義化に向かう政治を重視したため、組織としては次第に衰退していくが、共産党を離れてなおマルクス主義者である科学者が、研究者社会に大きな影響力をもち続けた。この時代に京大動物学教室の大学院生であった岡田節人（ときんど）（一九二七―二〇一七）は、少なくない大学教官がルイセンコ派に立つイデオロギーの時代であったことを述懐している。[9] 民科生物部会とイデオロギーの問題は、将来必ず、冷静かつ包括的に分析されるべき課題である。

注

（1） メドヴェジェフ『ルイセンコ学説の興亡』（河出書房新社、一九七一、原著は一九六九年）。
（2） August Weismann, *Das Keimplasma: Eine Theorie der Vererbung*, 1892.
（3） Thomas H. Morgan, *The Theory of the Gene*, 1926.
（4） E. Mayr & W. Provine, *The Evolutionary Synthesis*, Harvard UP, 1980.

（5）Loren Graham, *Lysenko's Ghost: Epigenetics and Russia*, Harvard UP, 2016.
（6）E. Heard & R.A. Martienssen, "Transgenerational Epigenetic Inheritance: Myths and Mechanismus," *Cell*, Vol.157, p. 95-109, 2014.
（7）C. H. Waddington, *The Strategy of the Genes*, George Allen & Unwin, 1957.
（8）J. Mattick, "RNA regulation: a new genetics?" *Nature Reviews Genetics*, Vol.5, p. 317, 2004.
（9）中村桂子編著『生命研究のパイオニアたち』（化学同人、二〇〇七年）。

日本のルィセンコ論争

中村禎里

本書は一九九七年にみすず書房より再刊された中村禎里『日本のルィセンコ論争』（みすず科学ライブラリー）を定本とし組み直したものである。組み直すにあたり、旧版にあった誤植そのほかの誤りを修正したほか、一部言葉の表記を改めた。人名や科学用語の表記は原則として定本のままとした。

はじめに

一九五〇年二月、わが国が生んだもっとも優れた生物学者のひとりである木原均は、『自然』誌上に「リセンコの遺伝学とその反響」と題する一文をよせ、そのなかで次のように言っている。「近年ソ連において唱えられた新遺伝学の波紋は、この世紀における最大の出来事として、将来永く歴史に残るものであろう。」

それから十数年たった今、ふりかえってみると、木原は、ことをいくらか誇大視して考えたのだ、という感想をもつ人もいるだろう。しかし、自然科学の理論とイデオロギーの関係に限って言うと、かれの感慨があながち大げさであるとは、私には思えない。

過去の事件に深くこだわる態度を、「後向き」と評する人がいる。しかし、あまり忘れっぽいのも考えものである。過去にこだわらない人に限って、自分が犯したあやまちを反省する能力にかけ、無責任である、と考えさせられることがしばしばある。少なくともルィセンコ論争には、多くの教訓がくみつくされずに残されている、と私は信じる。これが、私がこの本を書かねばならないと考えた理由である。

その上、ルィセンコ問題と同質の事件が、今後おこらないという保証はない。現に、朝鮮民主主義人民共和国の金鳳漢が、一九六一年に発見したという経絡系統をめぐって、類似の事態がこの国で生じているようである。読者のためにちょっと説明を挿入しておくと、経絡とは、針灸のツボとされている管状構造物をさす。金らによれば、東洋医学はこの発見によって確固たる科学的基礎をもつことができたし、人体内に血管、リンパ管のほかに第三の脈管系の存在が明らかになったことになる。しかし私は、この研究の成果自体を問題にしているのではない。それの正否は、国際的な追試を通じて決定されるであろう。

私は第一に、定説にとらわれずに、自国の伝統からテーマを掘りおこしてゆく金の学風に、日本の科学者が学ぶべき点が多いと言いたい。第二に、そしてとくに強く、自然科学の研究上の問題を、政治的な理論闘争と混同してはならないと訴えたい。金日成総合大学・生物研究所所長・漢享基は、経絡系の「この偉大な発見は、……ブルジョア反動〝学者〟と、それに結託した現代修正主義潮流の〝学者〟にたいする決定的な打撃になる」と述べている。(『朝鮮時報』第二九三号)

友人たちが、将来、痛手のもとになるだろうと思われる失敗をおかしつつある、と判断したとき、率直に批判を行うことが、本当の友情を示すみちであろう。盲信や悪おだては裏切りである。ルイセンコ論争の検討が不十分であった進歩的知識人は、今回も正しくふるまうことができない。

次に小著の内容について、ひとつふたつふれておきたい。まずこの論争史は、ソ連生物学史でも、遺伝学史でも、社会運動としてのミチューリン運動の歴史でもないということを御承知ねがいたい。なにかに分類しなければならないとしたら、一種の科学思想史である。とくに、現代日本の科学思想史である。したがって、必要に応じて、ソ連の事情にも、遺伝学の歴史にも、ミチューリン運動の歴史にもふれるが、それらは論争史の主要な対象ではない。

こまかいことになるが、文中のルィセンコ学説、ミチューリン・ルィセンコの遺伝学、ミチューリン生物学などは、ほぼ同義語である。これに対立するメンデル・モルガン遺伝学と正統遺伝学も同じ意味に使った。前者について言うと、ミチューリンは、遠隔雑種法やメントール法で多くの優良品種をつくりだしたロシアの果樹園芸家であって、ルィセンコは、自説をミチューリンの思想を継承したものだと考えている。日本では、一九五一年ごろまでは、論争においてルィセンコ学説という言葉が使われ、そののち、ミチューリン運動が盛んになってからは、ソ連での呼び方にならい、ミチューリン主義といった名称が普及した。後者、つまりメンデルとモルガンについては説明する必要はあるまい。

あとひとつ。論争史に登場する人物の名を記載する場合、すべて敬称をはぶいた。これは簡略のためであるとともに、かれらは、ひとしくオブジェとして処遇されるべきものだという考慮による。登場人物のほとんどが現存である上に、かれらのなかには、私の知人がたいへん多い。ウェットにならない仕組みが必要であった。

第一章　前　史

ソ連における戦前の生物学論

トロフィム・デニソビチ・ルィセンコ

まず今から述べる全事件をひきおこした張本人であるトロフィム・デニソビチ・ルィセンコの、生物学者・農学者としての生い立ちを、簡単に紹介しておこう。ただし、かれの業績の詳細と、第二次大戦後のかれの言動については、第二章以下でふれる。

ルィセンコは、一八九八年一月、中農のデニス・ニカノロビチの息子としてウクライナのカルローフカ村に生まれた。義務教育を終えたのち、かれはキエフのポルタワ園芸専門学校に入り、一九二五年に卒業すると同時に、ガンジャの育種試験場に赴任した。

ここでルィセンコが最初にとりくんだのは、マメ科やカホン科の植物の発生の研究である。植物の発育には、特定の条件、たとえば適切な温度、光、水分などを必要とするいくつかの段階があることを証明したこの研究は、一九二九年に発表されたが、その時はそれほど注目されなかった。

一九三二年にルィセンコは、オデッサの選択遺伝研究所に転じた。かれの学説が、現実的な力をもつようになったのは、この研究所における活動を通してである。

そのころ、ロシアの南部で、ジャガイモの萎縮病が蔓延し、解決がせまられていた。ルィセンコは、ジャガイモの新しい芽がでる時期に高温をあたえると萎縮病になるのだと結論し、ジャガイモの塊茎形成期をすずしい季節に移せば、病気は防止できることを示した。この方法を導きだした発想は、明らかに上記の発育段階説と通じるものをもっている。

もうひとつルィセンコの名を高からしめた研究は、コムギの播性の変化に関するものである。一九三五年からはじまったこの研究によれば、一定の発育段階に適当な温度処理を加えることによって、コムギの播性を春まき型から秋まき型へ、あるいはその逆に、遺伝的に変化させることができる。つまりかれは、獲得形質の遺伝を主張したことになる。

さて、まさにこの時期に、ソ連は第二の革命時代を通過しつつあった。もちろん、第一の革命とは、一九一七年の社会主義革命をさすのであるが、一九二八年にはじまる農業の社会主義化・集団化、およびこれにもとづく本源的蓄積の加速度的進行、産業構造の重工業化、国防力の強化といった一連の事件をふくむ大転換は、第二の革命とよぶにふさわしい出来事であった。第一次五ヵ年計画が開始されたのは、この一九二八年である。

著しく多量の労働力を工業労働者として放出しながら、農業生産を拡大してゆかねばならなかった第二の革命時代に、優れた農業技術が社会的に渴望されていたことは、議論の余地がない事実である。ルィセンコは、この要請に答えることによって頭角をあらわしはじめた。すでに述べたジャガイモ萎縮病防止法は、学界に提出される前に、「集団農場突撃労働者第二回大会」（一九三五）で発表され、農業人民委員部の支持を得ている。さらに最高人民委員会も、一九三七年にこの方法の採用を正式に決定した。

以上のような社会的動きのなかで、ルィセンコが提案した技術だけでなく、その基礎となっていると主張されたかれの生物学理論、とくに遺伝学説が急激に勢力を獲得してゆく。一九三六年一二月の第四回農業科学アカデミー会議では、コムギ播性の遺伝的変化をめぐって、ルィセンコ派とメンデル・モルガンの流れをくむ正統遺伝学者の間に激しい論争が戦わされるが、ルィセンコは、バビロフのような正統派の世界的大家と対等以上にわたりあうことになる。そして一九三九年の暮、雑誌『マルクス主義の旗の下に』主催の討論会で、ルィセンコ派の政治的勝利は決定的となり、哲学者ミーチンは党機関紙『プラウダ』で正統遺伝学を弾劾するにいたった。

哲学と生物学

第二の革命は、もうひとつの面から、ソ連の生物学に影響をあたえた。この時期に強行された社会構造の変動は、いま、スターリンの名と不可分のものとして記憶されている多くの暗い出来事の背景をかたちづくっているが、哲学者の間での思想統制も、急激に強化されることになる。そのきっかけとなったのが、次に述べるふたつの論争である。

その第一は、ティミリヤゼフ（有名な植物学者クリメント・アルカジェウィチ・ティミリヤゼフの息子）などの〝機械論者〟とデボーリンなどの〝弁証法論者〟との対決である。一九二四年ごろはじまり、一九二九年四月に最終的決算が行われたこの論争では、獲得形質遺伝の可否の問題が、かなり重要な位置をしめている。〝機械論者〟は獲得形質の遺伝を肯定し、〝弁証法論者〟はこれを否定する。〝機械論者〟は弁証法論者を攻撃するにあたって、獲得形質遺伝の否定は、ナチの人種生物学、民族政策に利用されているという。一方〝弁証法論者〟は、現代の正統遺伝学がなしとげた成果を強調し、またソ連の農業は、獲得形質遺伝の考えによらず、正統遺伝学にもとづいて発展している、とも論じている。さらにかれらは、〝機械論者〟のように、よって立つべき地盤を失った人だけが、正統遺伝学を批判するのだ、と手きびしくティミリヤゼフ一派を追及する。

哲学のレベルでは、〝機械論者〟は、〝弁証法論者〟の見解をヘーゲル観念論的弁証法だと論難し、〝弁証法論者〟の方では、その論敵が文字どおり機械的唯物論者だとしっぺがえししている。しかし、獲得形質遺伝をめぐる問題が、このような哲学上の基本的な対決点と、どのような関係にあるかは、いっこうにわからない。とくに、ルィセンコ論争で、〝機械論〟として批判されたメンデル・モルガンの正統遺伝学が、ここでは〝弁証法論者〟によって受けいれられ、〝機械論者〟がこれを罵っていることは奇妙である。この論争でもルィセンコ論争でも、マルクス主義者は、論争を世界観の衝突と解釈しがちであったが、上述の奇妙なすれちがいは、それが単なる外からの意味附与であることを、どうやら暗示しているようにも考えられる。いずれにせよ、この機械論＝弁証法論争は、すくなくとも生物学にとっては、生産的でなかったばかりか、相手に政治的・イデオロギー的に致命的なレッテルをはり、悪罵と野次で折伏するという悪い習慣を残すことになった。

ところが驚いたことには、〝機械論者〟との戦いで勝ち名乗りをあげた翌年、デボーリンを首魁とする〝弁証法論者〟たちは、〝メンシェビイキ化しつつある観念論〟という刻印をおされ、ミーチン一派に屈服してしまう。

ミーチン対デボーリンの論争を通じて、今度は、デボーリン派による正統遺伝学の採用は、「エンゲルスが自然科学とくに生物学において示した諸原理を修正」し、「自然科学の方法論としての唯物弁証法のかわりに遺伝学をおいた」ことを意味するとして、非難される。エンゲルスの修正とは、その論文

「サルがヒトになるにあたって労働がはたした役割」にみられる獲得形質遺伝の思想を、デボーリン派は古い説だと説いたことなどをさしている。

次に、このふたつの哲学論争が終結したのちに出版されたソ連文献の論調を見てみよう。ダーウィン死去五〇周年記念関係の論文を集めた『ダーウィン主義とマルクス主義』には、バビロフ、ザワドフスキーなど正統遺伝学の大家の論文が収録されているが、とくに後者は、「獲得形質遺伝の思想は、最近では一切の実験的根拠を失ってしまった」と断定し、その試みの失敗は、「経験主義的自然科学の代表者たちの理論的方法論的武装が不十分であるためである」としている。この論文集よりも一年前、つまり一九三一年に出版されたゴルンシュタインの『エンゲルスの自然弁証法』では、「デボーリン派の生物学者＝マルクス主義者は、ブルジョア遺伝学のしっぽにくっついて、生殖細胞は絶対に外的作用をうけないものと……みなしている」と論じており、ここでは明らかに、正統遺伝学がブルジョア遺伝学として排撃されている。ソ連科学アカデミー編『唯物論的自然科学入門』（一九三三年）は、ド・フリスの突然変異説について、その農業における意義をみとめる一方、突然変異は原因を欠いているということで、イデオロギー的には批判されるべきだ、と主張している。

以上の紹介から、デボーリン批判にともない、ソ連における正統遺伝学は、すくなくとも思想的には評判を落としつつあったこと、しかし一九三〇年代の前半には、なお情勢は混沌としており、正統遺伝学者が、一応生物学界を代表していたこと、などが推察される。このように後退しつつあったソ連の正統遺伝学を、思想的な面からだけでなく、農業の実際の問題ともからめて攻撃することにより、それに最後のとどめをさしたのが、ルイセンコであった。ちなみに、ルイセンコ派の遺伝学者ノウシディンは、デボーリン批判と、ルイセンコによる正統遺伝学批判の間に、直接の関係があったと証言している。

ルィセンコの台頭が決定的になった一九三六年の暮、アメリカおよび西欧の遺伝学者たちの間で、ちょっとした騒ぎがもちあがった。一九三七年八月、モスクワで開催される予定であった国際遺伝学会が延期になったという通知を、外国の遺伝学者が受けとったことから、この事件は端を発した。とき、折しも、ソ連では、ジュノビエフ一派のいわゆる反革命裁判が進行中であり、さまざまな推測が乱れ飛んだ。

問題になった点はふたつある。ひとつは、バビロフとアゴールが、トロツキズムに加担したとみなされ、逮捕されたという報道である。バビロフの紹介は第三章でやや詳しくこころみるので、かれの経歴については、ここでふれる必要はあるまい。もうひとりのアゴールは、機械論者批判で大きな役割をはたした理論家肌の生物学者である。もちろん正統遺伝学を支持している。

第二は、正統遺伝学に対する理不尽な批判が、ルィセンコとよばれる青年農学者から提出され、それがソ連政府の支持により勢力を広めつつあるという情報である。

ソ連政府は、まずイギリスの科学雑誌『ネイチャー』の問いあわせに答えるという形で、ついで一九三六年一二月二一日には、政府機関紙『イズベスチャ』紙上において、この問題に対する正式の見解を明らかにした。

それによれば、⑴人民および人類の利益にそった科学の計画化を、科学的自由の欠如と混同するのはまちがっている。研究の真の自由はソ連にある。ここでは科学者は、少数の資本家の利益のためではなく、全人民、全人類の幸福と利益のために活動している。⑵ある国では、遺伝学の「自由」とは、

「劣等」という名のもとに、人民を殺しあるいは全民族を破滅におちいらせるような自由として理解されている（明らかにナチの人種論をさしている――中村）が、そのような「自由」はソ連にはない。(3) バビロフ逮捕はデマであり、かれとルィセンコは、たがいに公正に批判しあう機会（一二月二三日の第四回農業科学アカデミー会議を意味する――中村）を近くあたえられる。アゴールはトロツキー陰謀事件に関して逮捕されたが、これは科学とは関係がない。(4) 国際遺伝学会の延期は、準備により多くの時間を使うことをのぞんでいる科学者の要求によるものである。

これらの弁明にもかかわらず、欧米の遺伝学者たちは納得するにいたらなかった。アメリカ博物学会は一二月三一日、次のような声明を発表した。

「アメリカ博物学会は、世界のある部分において、研究者にたいし、公式に予定された原理のもとに研究をおこなわせようと要求する傾向が増大しつつあることを遺憾におもう。当学会は、研究の指導ならびにその結果と、これらにもとづく結論との公表において、完全な自由があたえられる際にのみ、知的進歩がありうることを強調したい。なお注意を喚起したいことは、なんらかの予定された見解または教義と一致するように強制して、その自由を制限する条件のもとにおこなわれた研究の報告にたいしては、科学界は、なんらの信頼をもおくことが出来ないということである。」

このようないきさつののち、国際遺伝学会の組織委員会は、モスクワでの開催をあきらめて、二年後の九月、イギリスのエジンバラで、この会議を代替開催することになった。会議の議長にはバビロフが選ばれたが、かれをはじめソ連の遺伝学者は、ひとりも出席しなかった。

ルィセンコおよびかれを支持したソ連政府に対する欧米遺伝学者の攻撃は、そののちもつづくのだが、このへんで、日本の問題に話を移したい。そのなかで、今まで述べたソ連における諸事件が、日本でひきおこした影響について、そしてその影響の質を規定した当時のわが国の社会的条件について、ふれるつもりである。

日本のマルクス主義と生物学

知識人のマルクス主義

日本の社会運動が、本格的にマルクス主義の洗礼を受けるようになったのは、一九二〇年ごろからだと思われる。その指標をひとつあげると日本共産党の結党は一九二二年である。こののち山川イズム、福本イズムをめぐる論争などがあって、マルクス主義者の思想が、階級闘争に影響をあたえることになる。しかし、大学で自然科学を学ぶ者にまで、相当の影響をもつほどマルクス主義が普及するにいたったのは、一九三〇年前後からであろう。一九二八年にマル・エン全集が刊行されはじめ、一九二九年にプロレタリア科学研究所が、一九三二年に唯物論研究会（唯研と略称する）が創立されて、これに属する人たちが、ソビエト哲学の精力的な紹介を開始した。また、一九三〇年にエンゲルスの『自然弁証法』が邦訳された。一九三五年以来、唯研のメンバーによって、唯物論全書全四〇巻が、次々に出版された。

しかし残念なことには、この頃はちょうど日本の無産運動が、資本主義の世界的危機のただなかにあって、支配階級の暴力により、かたっぱしから弾圧され、壊滅していった時期でもあった。二回にわたる有名な共産党弾圧事件の日付は、一九二八・三・一五および一九二九・四・一六である。

このような社会的条件におかれた進歩的知識人は、やりきれない閉塞状況からのがれでる日の象徴として、マルクス主義の理論と、ソ連における社会主義の発展に期待をいだきつづけてきた。けれども上述のような時代の重圧は、かれらのマルクス主義に、ある種の歪みをあたえずにはおかなかった。革命運動から全く切り離されたかれらのなかでは、マルクス主義は、革命理論としてよりは、もっと漠然とした世界観あるいは哲学として成長していった。

こうして育ったマルクス主義の歪みを反映して、その上、階級闘争の理論を説いた書物にくらべると、哲学書は、当局の検閲からのがれることが容易であったことをも反映して、マルクス主義の出版物のうち、哲学（文化論、科学論をふくむ）関係の本が不相応な比重を占めることになる（第1表）。このことは、逆に若い知識人たちに作用して、〝哲学ごのみ〟的雰囲気を増幅し、〝哲学好み〟青年のマルクス主義への接近をうながした。

第1表　昭和期のマルクス主義文献出版点数

	1927年		1936年	
	実数	百分比	実数	百分比
哲学	34	14	50	45
社会科学	81	34	61	55
革命理論	122	52	0	0
計	237	100	111	100

1927年は，東京書籍商組合編『出版年鑑』昭和３年度から，1936年は，東京堂編『出版年鑑』昭和12年度から，それぞれ作成

生物学者と方法論

戦後、民主主義科学者協会（民科と略称する）理論生物学研究会の活動から、生物部会結成の動きのなかで、中心的役割をはたした人たちの多くは、一九〇五〜一九一五年生まれであるから、かれらの青春時代は、社会主義運動が壊滅し、補償的にマルクス主義哲学が知識層の間に流布された時代と、完全に一致している。第２表は、理論生物学研究会のメンバーのうち、マルクス主義者、あるいはマルクス主義の影響をかなり強く受けていると思われる人たちの、一

第2表　理論生物学研究会主要メンバーの1935年における年齢分布

年齢	15〜19	20〜24	25〜29	30〜34	35〜39
実数	3	7	4	2	1

九三五年における年齢である。この年、かれらの平均年齢は二四歳であった。

したがって、これらの人々のマルクス主義が〝哲学主義〟とでもよぶべき例の歪みからまぬがれることができなかったのも、やむをえない。けれども、マルクス主義哲学は、なんらかの形で実践的でなければならなかった。そこで、進歩的な思想をもった生物学者の間では、かれらの身分にふさわしく、この哲学は、生物学研究のための手段という形に縮小してゆく。ここから、かれらの〝方法論ごのみ〟が生じる。

とにかく、八杉竜一をはじめ、民科理論生物学研究会、生物部会の初期の中心者たちによって、ルィセンコ学説が紹介され、支持されたいきさつの伏線として、かれらの〝理論ごのみ〟〝方法論ごのみ〟が指摘されなければならない。ルィセンコ学説は、唯物弁証法の立場から正統的な生物学に向けられた〝方法論的批判〟として、戦後の進歩的生物学者の間に足場を固めていったのである。

さて叙述を戦前にもどすと、当時の進歩的な若い生物学者の〝理論ごのみ〟的雰囲気をいきいきと伝えている記録がある。それは、一九三七年東大動物学科を卒業し、まもなく二九歳で夭折した飯野次男が学生時代にかいたメモと、このメモに対する三人の同級生（碓井益雄、白上謙一、吉松広延）の批判である。飯野はマルクス主義者ではなく、批判者三人はマルクス主義の影響下にあった。（なお、上記のメンバーのうち、碓井と吉松は、戦争中、八杉、草野信男とともに「理論生物学」の輪読会をつづけていた。この席で八杉は、ルィセンコの説を紹介したことがある。）

飯野は、「個々の性質と他の凡ての性質との有機的関係を理解することは非常に困難である。従って生物学の現状では」具体的な個々の性質を、「生物の凡ての性質の綜合即ち最上位の性質たる生命」と一応切り離して研究することが急務である、という意見をもっていた。これに対して批判者側は、「一定の思想なしには、事実も事実として認められない」とか、正しい生命観を身につけることが「目下の急務だ」とかいった論法で切り返している。

この飯野－碓井・白上・吉松論争で興味深いことは、戦後のルィセンコ派の方法論重視の思想と、ルィセンコ説に懐疑的な態度を示した人たちの実証主義の思想との対立の原型がみられるということである。

唯物論研究会の人たち

マルクス主義の立場から、正統遺伝学に対する体系的な批判を、日本で最初に開始したのは、唯物論研究会に所属していた生物学者および哲学者たちである。一九三二年に創刊された雑誌『唯物論研究』には、その成果が細川光一（＝石井友幸）「生物の解釈」（一九三二）、石原辰郎「メンデリズムの一批判」（一九三三）、「遺伝学と唯物論」（一九三三）、梯（かけはし）明秀「生物学におけるダーウィン的課題」（一九三三）、石井友幸「生物学の歴史的概観と展望」（一九三四）などの論文としてあらわれ、さらに唯物論全書の一冊として刊行された石井・石原共著の『生物学』（一九三五）に集大成された。

この本の「生物学の現状」の項で石井は、現代生物学における理論の貧困が、多くの混乱と対立を生んでいると論じ、とくに機械論と生気論の対立を指摘しているが、なかでも戦後のルィセンコ論争と関係して注目しなければならないのは、遺伝学における機械論批判である。「生命現象を全体的に関連的に、変化して運動するものとして、即ち弁証法的に研究するかわりに、個々バラバラに、固定し死んだものとして研究するのは機械論的傾向である。例えば遺伝学においては、形質を個々に分離されたものとして考え、それに対応する種々様々なゲン（遺伝子）を設定し、両者を機械的に結びつけることによって、色々な理論を構成している。」さらに、進化論を論じた項では、この見解を敷衍して次のように主張する。モルガン流の遺伝学によれば、「生物は形質の寄せ集めであり、それは究局に於て細胞中にある遺伝子の一定の組合せとして理解され、それ故に形質の変化は主として交配による遺伝子の再編成或は遺伝子の質的変化の結果として解される。……かくて生物進化の複雑な過程は結局細胞内の遺伝子の変化に単純化され還元されてしまっているのである。この様な結論は生物の個体発生と系統発生の複雑な関係を無視して、遺伝子と形質との関係の機械論的理解から出発した結果とみられる。メンデリズムから出発した進化理論の主張は、ダーウィンの自然淘汰説の意義と獲得形質の問題の過少評価である。」

この本の論旨であとひとつ見のがすことができないのは、ソ連生物学に対する評価である。石井は、生物学は元来生産と結合して発展すべきものであるのに、資本主義社会では、生物学は生産との結びつきを失い、その研究は非組織的非計画的な状態におちいっており、その結果、「部分的にどうあるにしても、全体的には、正しい研究が生みだされることは不可能である」と断じている。ひきつづいてかれは、ソ連において生産と研究との結合が理想的に成功している様子を、二二ページにわたって紹介している。ただし、ミチューリン・ルィセンコ学説についてはふれておらず、交配とX線照射による収穫の増加が報告されている。

すでに述べたように、科学的社会主義の運動が完膚なきまでにたたきつぶされてしまった後も、日本の知識層をマルクス主義につなぎとめた、その理論と社会主義ソ連の発展に関する関心が、この石井の著書にも、みごとに表現されていることは、以上の紹介で明らかになったと思う。石井・石原など唯研系の論客は、実証的な心構えを意識的に閑却したのではなかったが、結果としては〝理論好み〟がソ連文献の受動的受けいれという態度と結びついて、公式主義的傾向を帯びてゆく。この弱点は、戦後のルィセンコ派にも受けつがれるのであるが、戦前にこのような弱点を批判した人がいる。それは小泉丹（まこと）である。かれは、一九三二年にM・Kの署名で、雑誌『科学』の巻頭に「流行病的なるもの」と題する論説をかき、「生物学上の文章にマルキシズムの議論やその文献からの引用の入って来たこと」に注意をひかれるが、そのような文章の欠点は「批判の不足であり、不消化であり、甚だしき場合には、自己の立場を持ち込むのではなくして、此方から持ってゆくような態度」である、と唯研派の公式主義を突いている。

モスクワ国際遺伝学会延期問題の反響

前節で述べた国際遺伝学会延期問題、ならびにこれにともなうソ連における研究の自由をめぐる論争は、日本では、一九三七年の二月から五月にかけて、『科学』や『科学ペン』の時評欄に簡単に報道された。この問題をただちにとりあげたのは、生物学者ではなく、理論物理学者であり、また科学評論の優れた論陣をはっていた石原純であった。かれは、同年五月、『改造』に「科学と思想闘争」と題する論文を発表し、ナチスがアインシュタインの相対性理論をユダヤ的理論として排斥していることに不信を表明したのち、ソ連でも同じことが行われている、と指摘して、ルィセンコの正統遺伝学批判を俎上にのせた。石原は言う。一般的に言ってソ連の科学は「実践にあまりに重きをおきすぎるから、理論の当否の問題と実用性とを混雑して、見当ちがいの攻撃を発するきらい」がある。ルィセンコも、遺伝子説がまちがいであることを示す事実を得たのであるなら、メンデル遺伝学は実際に役に立たないという点ではなく、それが誤りだという点を批判すべきであろう。

このような石原の議論に対し、細井孝（＝石井友幸）が『科学ペン』六月号で反論に立った。要するに、社会主義とファシズムが同一でないように、ソ連における科学論争とナチにおける科学の圧迫が同一でないにもかかわらず、石原は両者を同質視したという反論である。

戦前になされた石原－細井のやりとりは、性質の上から言って、戦後展開されたルィセンコ論争のはしりとでも言うべきものであるが、当時の日本の生物学者には、戦後におけるほど大きな衝撃をあたえることはなかった。欧米、とくにイギリスとアメリカで、この問題が、たちまち生物学者を刺激し、学会のソ連弾劾声明にまで発展したのと対照的である。

日本の生物学者が発言しなかった原因のひとつは、ルィセンコの主張の詳細が明らかでなかったことにもあるだろう。しかしそれは、欧米においても同じことだった。ことは、その頃のアメリカ、イギリスと日本の社会情勢のちがいに由来しているように思われる。さきほどの論争で、石原の念頭にあったのは、ナチスの悪名高い科学政策だけでなく軍事体制の進行にともない研究統制が本格化しつつある日本の現実であった。日本ファシズムの国家統制下では、ドイツやソ連における研究の束縛に向けられた批判は、そのまま、日本の支配階級に対する批判として通用しかねない。石原のようなリベラリストから問題が提起されなければならなかった理由はここにある。

しかし、時勢に追随しがちな科学者の多くにおいては、自分が、日本の支配階級に自発的にしばられようとしているのに、外国における研究の統制を非難する心情が強大になるはずがない。とくに遺伝学者の間では、遺伝学を民族強化の手段として支配階級に売りつけ、その代償として物質的利益をひきだそういう動きがしきりに行われた。この問題について詳しく論じる場所ではないから、一例をあげるにとどめるが、一九三九年、当時北大理学部長だった小熊捍（まもる）は、『国立遺伝学研究所設立の急務』と称するパンフレットで次のように言っている。「ポーランドにおけるドイツの侵略も、アルバニアにおけるイタリアの攻撃も、要するに発展途上における民族が、自然に与えられたところの血の圧力でなくて何であろう。」そうだとすれば、「われわれはそこに〝如何にすれば自分の属する民族が強化されるか〟という命題を出すにちがいない。」そして「遺伝の研究こそは民族強化に最も端的な効果をもたらすものである。」

このようなわけで、ソ連の生物学に対して、日本の正統遺伝学者からの批判が爆発的になされるには、戦後の「民主主義」が必要であった。したがってまた、戦時体制下でこころみられた石原のソ連生物学批判と、戦後一斉に行われた正統遺伝学者のそれとは、形式的には同じであるが、その社会的意義はまったく異なる。

八杉竜一の場合

生物学史・生物学論の方面での八杉の処女論文「現代露西亜の生物学とダーウィン主義」は、前記小熊の主張があらわれたその年（一九三九年）にでた。この年は、第二次世界大戦の火ぶたが切られた年でもある。国内の情勢も暗くなる一方で、進歩的な活動は、知的な面でもほとんど扼殺されてしまった。一九三七年一二月には左翼的作家、評論家に対する執筆禁止の措置がとられた。翌年二月に、唯研も解散した。したがって、八杉が生物学と思想、社会の関係を論じる場合、多くは自説の主張というよりは、ソ連文献の紹介という形をとらざるをえなくなっている。そしてルィセンコの遺伝学説は、これらの紹介を通じて、はじめて学問的に、日本に伝えられたのである。

八杉は、大学にすすむ前から、生物学方法論に興味をもっていた。生物学方法論の研究のためには、どうしても生物学史の研究が必要である。また一方、自然科学の社会的、思想史的役割についても、はやくから強い関心をいだいており、この関心がかれをロシア科学史の研究にみちびいた。ふたつの方向から生物学史に招かれた八杉にとって、ルィセンコとのよき出会いは、ほとんど必然的な事件であった。さきほどあげた一九三九年の論文では、ルィセンコは、コムギ春播化の成功者としてでてくるにすぎないが、「ソ連の自然科学界展望」(『中央公論』一九四〇年第七号)では、ルィセンコとバビロフとの論争を紹介し、その背景として、〝機械論者〟およびデボーリン派に対する批判があったことを示して、次のように言っている。両者とも「理論と実践との完全な遊離があり修正主義がある。しかし、かかるデボーリン派の誤謬は、当時のソ連国内の建設が未だ確たる技術的基礎の上に置かれていなかったことを反映している。……この状態は、一九二八年第一次五ヵ年計画の開始と共に改められ……科学アカデミアの学者たちのイデオロギー的転換がおこなわれた。」

さて、一九四二年の『科学思潮』に、八杉は「ルィセンコ」と題する紹介文をよせ、この学説に対するかれの意見をはじめて公にしている。八杉はいう。「第一に、現代の実験遺伝学の、少なくとも絶対に否定しえない一部の成果を、彼の立場と如何に調和せしめんとするかが明らかでない。第二に、彼の学説がラマルキズムであるという非難にたいして」十分説得的に反駁しえていない。

「彼の理論の未完成は何人の眼にも明らかである。ただ彼が生物を、現代の生物学者が兎角陥りがちな生物に対する枠にはまった固定化した視点を脱して、もっと生き生きした物を見ようとしている点は、我々の同感を惹くものである。……然しいずれにしても、彼の理論が一応の完成を為し体系を整え得ないうちは、ソ連国内の論争に勝利を収める事は出来ても、外国の学者を説得することは不可能である。彼の理論がソ連国内において、かほど勝利を獲得した理由は、一にはその農業実践における成功であり、二には、その思想的哲学的観点がソ連本来の思想と合致してその支持を受けた事である。……然しいずれにしても彼の理論の思想史的基礎と実践的成功との間につなぐべき生物学の理論は、未だ不備である。」

唯研の人たちと同じく、八杉の場合も、戦後の論争にのぞんで、ルィセンコ学説にあたえた評価の基調は、およそのところ定まっていたことがわかる。

遺伝学の正統派と非正統派

日本の農業と遺伝学

この節の表現は、一九四一年に発表された盛永俊太郎の論文「育種学の正統派と非正統派」(『農業及園芸』第一六巻)から借用した。盛永によれば、正統派とは、メンデル、ヨハンゼン、モルガン、マラーとたどられる立場であり、非正統派とは、ダーウィン、ミチューリン、ルィセンコの考え方である。かれは、ルィセンコとバビロフの論争にからんで、ルィセンコ学説を簡単に説明したのち、次のように言っている。「筆者もメンデル、ヨハンゼンを基礎として育種学を攻求する一人である。ルィセンコ一派の最近の育種研究については十分な批判を加え得る程度に知悉しない。しかもここに若干の紹介を試みた所以のものは、教科書的正統学派が真に育種事業遂行者に対して、尚甚だ隔靴掻痒的なる事を痛感

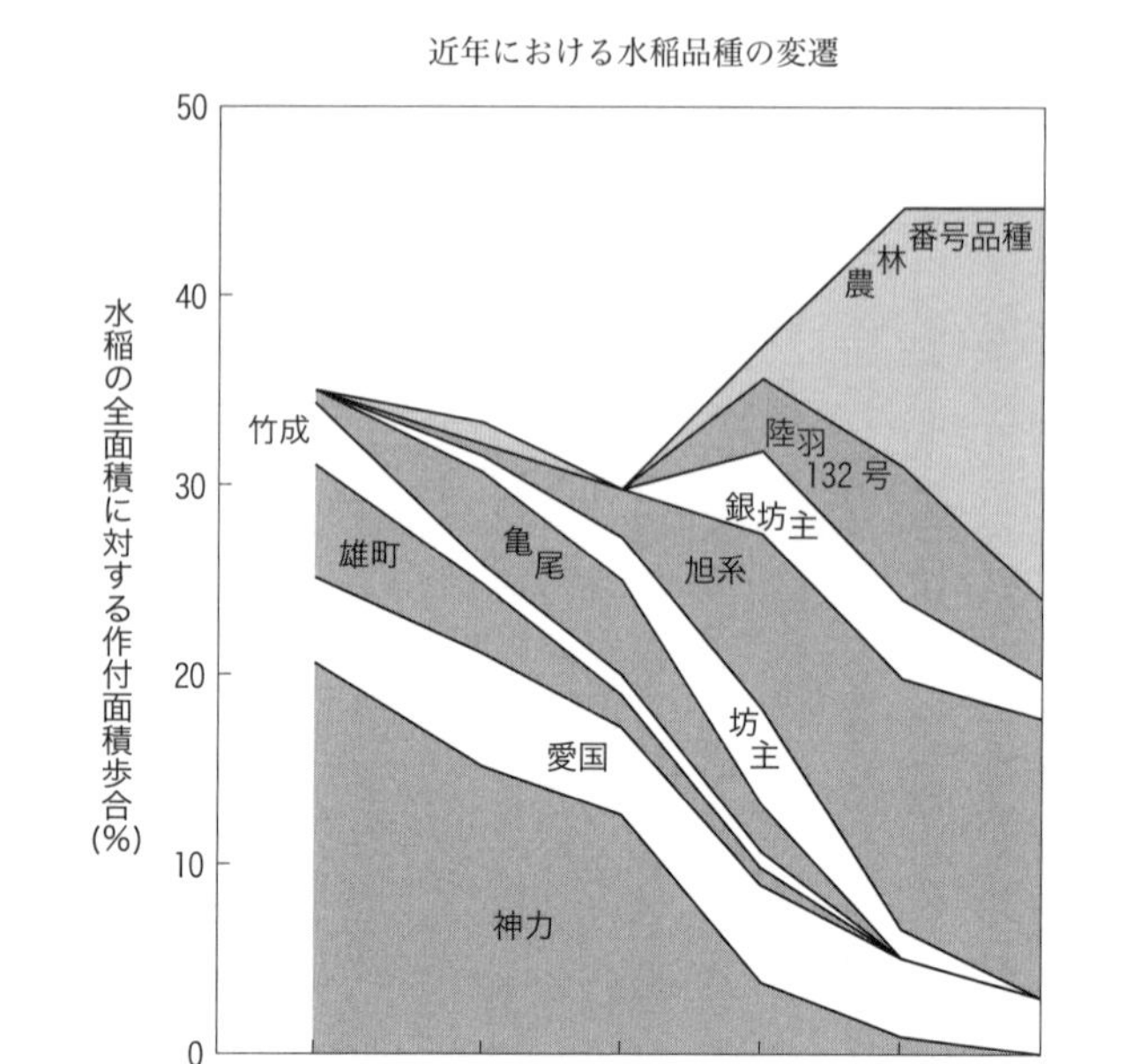

松尾孝嶺：本邦における稲の品種改良史
『農業技術』第1巻第1号（1946）による

しており、上述の如き非正統的考え方の胚胎にもいわれがあると思ったのである。」

以上のように、農学者によるものとしてはわが国ではじめてのルィセンコ遺伝学の紹介が、正統遺伝学の不毛と結びついて行われたことは、きわめて注目すべきことがらであった。

正統派学説が〝隔靴掻痒的〟だという盛永の証言の信憑性をさぐるべく、わが国の育種事業において、農事試験場を中心とする正統派の育種研究が、どれほどの力を発揮したかを、イネの育種に焦点を合わせて調べてみよう。右の図で、明治末以来の水稲品種の変遷を示したが、この図に名前がでてくる諸品種のうち、神力、愛国、雄町、竹成、亀尾、坊主、旭などは、いずれも明治時代に民間で選抜固定されたものである。この論争史の発端の時期、つまり一九三〇年頃は、水田面積の圧倒的部分が、民間品種で占められていたことがわかる。

それでは、なぜこのようなことになったのであろうか。その原因をもとめるために、国の育種事業の発展のあとを瞥見しよう。国立農業試験場は、一八九三年（明治二六年）に設立されたが、そののち一〇年ぐらいは、在来品種の比較試験に追われて、積極的な育種を行うまでにはいたらなかった。一九〇二年ごろから、メンデルの法則とヨハンゼンの純系説があいついで伝わると、人工交配と純系選択をもちいた新品種の育成がさかんに試みられるようになり、大正末までに五四〇種の水稲がつくられたと言われている。しかしそのうち、右の図にあらわれるほど普及したのは、陸羽一三二号だけであった。この成果の貧しさは、ひとつには当時の正統派育種学の力が弱かったためであるが、あとひとつは、地方の生態学的な条件が十分考慮されておらず、国立農試でつくられた新品種が、地方では不作という結果が、しばしば見られたためでもある。

その責任を、ほんとうに正統遺伝学が負うべきであったかどうかは別として、結果としては、正統派的な育種法が大した成功を示さなかったこの時期においては、農業生産についてまじめに考えている農学者が、既往の学説に不満を感じたとしても無理がない。

ヤロビザチャの紹介と追試

ルィセンコの最初の、そしてもっとも信頼できる業績は、発育段階説と、これを応用したヤロビザチャ（春化処理）の研究である。かれの遺伝学が、八杉、盛永によって伝えられる前に、ルィセンコの名は、この研究を通じてわが国に知られていた。とくにヤロビザチャの実験は、山本健吉（一九三二）以来、手島寅雄、柿崎洋一、木戸三夫、高杉成道、渋谷常紀（つねとし）などの手で進められ、伊藤嘉昭によれば、一九三六年には、ヤロビザチャに直接関係した論文と総説が、『農業及園芸』だけでも八編が数えられるにいたった。けれども、一九四〇年ごろになると、ヤロビザチャの研究は急激に後退し、その位置を植物ホルモンの研究にゆずってゆく。

徳田御稔のメンデル遺伝学批判

ここで農学から離れて、基礎生物学とくに遺伝学の状況に目を移さなければならない。しかし当時の生物学史的特徴を全面的に描くことは、さしあたって必要であるまい。そこで、戦後のルィセンコ論争とミチューリン運動において、ミチューリン・ルィセンコ派のリーダーのひとりであった徳田御稔(みとし)と松浦一が、正統派を去ってゆくいきさつを追うことにする。

徳田は一九〇六年生まれであるから、八杉、飯島衛(まもる)、井尻正二、宇佐美正一郎、福本日陽(かよう)、真船和夫など、一九一一年から一五年の間に生まれたルィセンコ派の論客よりは、世代的に石井(一九〇三年生まれ)に近い。石井が崩壊寸前の社会主義運動に影響されてマルクス主義者になったのに、徳田は、学生時代にマルクス主義の洗礼を受けることはなかった。かれは北大卒業後、齧歯類の遺伝の研究をすすめていたが、メンデル分離比にしたがわない実験結果を得た。同じような研究をしていたアメリカのグリーンは、多数同義因子説をもちいて説明したが、徳田はどうしてもわりきれないものを残したまま、実験室を離れていった。この体験が、かれに、〝粒子説〟つまり遺伝子説にうたがいをもたせることになったのである。

徳田は、一九三九年の遺伝学会で行うはずであった講演の要旨に、次のように書いている。(ただし、「事情あって」この講演はなされないままになった。)「自然界の生物が示す変異を広く見渡すと、明瞭なメンデル式の分離遺伝をするものは、概して少ない事を知る。やや多く発見されている場合は……淘汰に人為の加わる事が多い動植物」に限られている。「このように、明瞭な分離遺伝をしない形質の遺伝は、一般に多数同義因子説をもって解説される事になっている。」しかるに、「近時、種の形成に種々なる型の染色体変異が関係を有つ事を明かにしており、又近代の実験遺伝学が核質の重要性を説くあまりに、細胞質が全く考慮の外に置かれた事に対し、ようやく反省を求める如き資料が提出されるに至っている。」そしてこのような「染色体の部分的変異、細胞質変異等が混入されておる時には、最早多数同義因子説による分析が不可能となるのである。」

この講演要旨には、同義因子説批判を通じて、遺伝子説の批判がはっきりうちだされているだけでなく、個々の遺伝子のよせ集めではない全体としての染色体、ないしは全体としての細胞が、遺伝に関係するという、ルィセンコ的見解の萌芽がみられる。さらに、一九四一年に発表された論文「日本及び満州産鼠類の分類」では、獲得形質遺伝をみとめる方向にむかった徳田の心が読みとられる。かれはこの論文では、突然変異が種間進化の原因となりうると承認している。しかし、すべての遺伝的変異が突然変異によるものであるとは考えていない。突然変異のほかに、地理的変異と方向性をもった変異を、いずれも遺伝的変異としてみとめている。かれはいう。地理的変異が「環境の条件に直接影響されて生じたものであることは疑いないと思える。然らば、かかる変異が細胞質や核質の変化と如何に関連して起るものであるかが問題になるが、今はその点に就いて決定的な論議を行う事は出来ない。……ただ筆者が現在考えている事を率直に述べるならば、地理的変異を実験遺伝学に於て云々されている突然変異に帰せしめる事は困難であると思う。何故ならば、地理的変異は環境の如何と常に呼応して変化するものであり、突然変異は環境に即応する如き変異をもたらすものではないからである。」さらに、方向をもった変異は、地理的変異とも突然変異ともことなる。この変異は「悠久なる地質時代を通じて初めて顕現されるものであろう。……これは実験遺伝学の範疇の外にあることを認めざるを得ない。」

松浦一の非正統性

一九五五年からしばらく、ミチューリン会の会長をつとめたこともある松浦一は、徳田よりももっと先輩で一九〇〇年生まれである。かれも徳田と同様、若いときにマルクス主義の影響を受けることはなかった。しかし生物学上の問題については、学生時代から強い批判的精神のもちぬしだったらしい。藤井健次郎の授業のレポートに、松浦は次のように書いた。シダ植物で、半数体は前葉になり二倍体はシダの本体になることは、細胞質のちがいによっても、染色体の倍数性のちがいによっても、完全には説明できない。あきらかに胞子は前葉を、卵細胞はシダ本体を形成するべく運命づけられている。「こう考えると、生命の本体は細胞のなかにかくされていて、染色体なるものはその本体の投ずる何か影の如きものではあるまいか。」というわけで、松浦は、染色体だけに遺伝性を負わせる考え方に疑問を呈した。

松浦の業績としては、生殖細胞の減数分裂の中期に見られるキアズマ像に関して、オオバナノエンレイソウの観察にもとづき、一九三五年以来独自の説を提出したことが有名である。この説は、細胞遺伝学の主流の考えにそむくものであり、しかもキアズマ像の解釈がちがえば染色体交叉の機構の説明もちがってこなければならない。そして、染色体交叉に関する主流の考えこそ、染色体地図作成の基礎となり、したがってメンデル・モルガンの正統遺伝学の基礎ともなっている。このような立場にあった松浦が、正統遺伝学の体系にあきたらぬ感じをもちはじめたとしても不思議ではない。かれはさらに、一九三九年に、ハナマメの変異体を発見し、その体細胞分離の様子から、この変異は突然変異によるものではない、と考えるようになり、正統説に対する疑いを深めていった。

徳田や松浦の正統遺伝学に対する不満は、当時としてはそれ相応にいわれがあった。全盛期をすぎ、ゆきづまりをあらわにしつつあった細胞遺伝学の欠陥や、まだ若かった集団遺伝学の弱さを、かれらが指摘したことに意味がなかったわけではない。しかしそののち、遺伝学は徳田や松浦の指示した方向には進まず、とにかく染色体上にあると信じられる遺伝子の実体を、実験的にきわめてゆくことによって、たくましい成長を示し、一九三〇年代の弱点を、しだいに克服してゆく。

これまでの分析で示したいくつかの要因、すなわち、進歩的知識人のソ連へのあこがれ、マルクス主義的科学者の〝方法論ごのみ〟、農業における正統遺伝学の非有効性、基礎遺伝学の一時的ゆきづまり、これらの要因が合わさって、戦後ルィセンコ学説が、科学者の進歩的陣営を席捲するための準備が、すでにととのえられつつあったのだということができよう。

第二章　最初の衝突

発　端

民主化の進展

　戦前において、八分通りできあがっていたルイセンコ学説受けいれの準備が完成するには、ふたつの衝撃が必要であった。そのひとつは、ルイセンコ学説自体の本格的紹介であり、あとひとつは、人民の生産活動と生物学との結合が不可能ではないと思わせる社会的条件の到来であった。

　日本の敗北によって戦争が終わると、未曾有の社会的混乱、生活の窮乏という条件に、日本独占資本の勢力を弱化しようとする占領軍の一時的な意図も加わって、急激に労働運動がもりあがり、いわゆる「民主主義革命」の波が、一九四六、四七年には最高潮に達した。この頃になると、労働者は、生産管理闘争とよばれた闘争形態をあみだし、一部の研究者は、科学者・技術者の社会活動にとって、新しい展望がひらけてきた、と判断するようになった。武谷三男の、技術者は生産管理に参加して、「技術をわれらの手に」（一九四六年に発表された武谷の論文題名）とりもどせ、という主張はこの時期にあらわれた。上記論文で武谷は、農業生産についてもふれ、ルイセンコの名をあげてソ連農業技術の成果をたたえるとともに、封建的官僚的な農林行政のために、農村の人民との結びつきを絶たれていたのが日本の農業技術の弱点だ、と指摘した。

八杉竜一も、生物学者が社会的行動において進歩的であることを要請し、生物学と生産との結合は、社会主義社会において完全に実現されるのだが、「労働者や農民の組織が急速に進み、科学者との直接の提携が可能になっている現在」では、そのことは、かなりの程度可能である、という見通しを述べた(『ダーウィニズムの諸問題』一九四八)。この八杉の主張と、第一章であげた石井友幸の、資本主義社会では、生物学は生産との結びつきを失っているので全体として正しい研究は不可能であるという意見(十八ページ)とをくらべてみると、生物学は生産に奉仕すべきだという同じ思想が、時代の進歩にともなって発展し、新しい形をとってゆく様子が、あざやかに読みとられる。

一方、「民主主義革命」の昂揚のなかで、民主主義的な科学者組織の必要性が認識され、生物学者の間でも、そのような組織化がすすんだ。一九四六年九月には、民主主義科学者協会内に、理論生物学研究会が誕生した。この会は、戦時中、理論生物学の研究を通じて、わずかに進歩的思想の火種を守りつづけてきた、八杉、碓井益雄などを中心にしてつくられたものであり、一九五〇年二月には、さらに民科生物部会へと成長する。そしてこの民科を背景に、石井、八杉、高梨洋一、柘植秀臣、福島要一、大竹博吉らによるルィセンコ学説の紹介が活発になされるようになる。すでに戦前から、メンデル・モルガン遺伝学に疑問をいだいていた石井は、一九四八年、『唯物論研究』復刊第二号によせた論文で、この間(かん)の事情について次のように述べている。「私は(戦前から)度々メンデリズムを批判したのであるが、それらの批判はすべて不徹底であったばかりでなく、批判から一歩進んで、新しい理論を展開することもできなかった。これは勿論私の無力によるものであるが、一方から考えれば、わが国には今日までメンデリズムを徹底的に批判すべき実践的基礎が欠如していたことによるのであるとも考えることが出来る。ところが終戦後、民主主義科学者協会の理論生物学研究会において、ルィセンコ学説の検討並に現代遺伝学の批判が活発に行われていることは、わが国の生物学、ひいては農業科学の発展のためにはまことに喜ばしいことである。」

この研究会が、ルィセンコ論争においてどれほど重要な役割をはたしたかをよく示す資料として、一九四八年末までの三年間に、理論生物学研究会で行われた報告の内容を表示しておこう。(第3表)

一方、正統遺伝学者のほうから、ルィセンコ一派に対する爆発的な批判がだされるためにも、「民主主義」時代の到来が必要であったことは、第一章で述べた通りである。

方法論の有効性

ところで実は、ルィセンコ学説は、八杉、石井など理論生物学研究会のメンバーによる本格的紹介にさきまわりして、「哲学の有効性論争」とよばれる哲学論争の対決点のひとつとして、まず登場した。

第3表　理論生物学研究会でなされた報告

分科	回数
遺伝学	13
方法論・生命論	11
生化学	5
進化論	3
生態学	3
その他	5

八杉竜一：民科東京支部理論生物学研究会報告『生物科学』第1号62〜63ページにもとづいて作成

この論争の発火点になったのは、武谷の論文「哲学は如何にして有効さを取戻しうるか」(一九四六)である。武谷は、およそ次のように要約できる見解を述べた。「哲学者は現実のなかから、自分に都合のよいものだけを取上げる」が、このようにしてつくりあげられた理論は、現実に有効ではない。「現実にたいして有効なものとなるためには、理論はつねに危険を冒し、成功と失敗によって自らを鍛えねばならないのである。」こうしてのみ、哲学は科学の発展に役だち哲学もまた豊富になる。

以上のように論じたのち武谷は、よき方法論による顕著な成果の例として、オパーリンの『生命の起源』とともに、「ルィセンコ一派による農業技術の躍進」をあげ、つづいて次のように主張する。「ルィセンコは、この農業技術の展開を単にそれだけとして行ったのでなく、この仕事によって、古生物学の進化論とメンデリズムによる染色体による遺伝学との間の深い溝を克服する道をひらき、生長の特に一定の時期における獲得形質の遺伝を明らかにし、種が固定したものでなく、変化しうるものであることを示して、遺伝学上の劃期的な業績を行ったのである。そしてこれは唯物弁証法の立場に立ち、此の方法を武器としてこの仕事を完成し、又この成果によって唯物弁証法を豊富にしたのである。」

武谷の意見にすぐさま反論したのは、哲学者の山田坂仁(さかじ)であった。山田は、戦前の唯物論研究会のメンバーであり、戦後は民科哲学部会の有力者のひとりだった。かれの武谷批判(『科学主義』一九四六年五月号)の要旨を次にまとめておこう。山田によれば、哲学の役目は、自然科学だけでなくすべての知識を概括し、統一的な世界像をあたえることにある。それは、人間が自己のおかれた社会的位置について正確な理解をもち、正しい行動をとるために必要である。これに反して武谷は、哲学に方法論としての意義しかみとめず、独立した内容をもつものだとは認識しない。

このような批判につづいて、山田は、哲学が有効性を発揮した例として武谷がとりあげたルィセンコ学説は誤っていると明言し、「ルィセンコの春化処理による農業技術への偉大な貢献を私は否定するのではは毛頭ない。ただ彼の仕事は……ゲノタイプの変化を前提とする本来の意味での品種改良ではないし、況んや獲得形質の遺伝如何に関係した問題ではないのである。獲得形質が遺伝することは、今日のところまだ実験によって証明されていない。遺伝子の変化による本来の意味における品種改良はすべて、突然変異を利用して行われたのである。」進化について言うと、それは「突然変異種のあいだで、いわゆる適者生存、自然淘汰、生存競争が行われるのである。武谷氏は種が固定したものでなく変化するものであることを明らかにした功績をルイセンコに帰しているが、これも全く誤りで、この功績はダーウィンにこそ帰せられねばならない。……然るに今日、多くの弁証法的唯物論者と僭称する人々が、ソ連においてもなお、突然変異説に徒らに『坊主主義』『観念論』のレッテルをはりつけ、他方獲得形質の遺伝を、あらゆる実験事実に反して強硬に主張し、そうするのでなければ、なにか個体に対する環境の影響を説明できないかのごとく考えたりするのは、全く唯物論の精神に反しているのである。それは誤れる目的論的な考え方……にとらわれて」いる、と主張した。

武谷はこれに反発して、激越な調子で逆襲にでた（『現代の自然科学思想』一九四六）。いわく。突然変異と適者生存のみでは、進化の原理としては十分ではない。体細胞と生殖細胞に本質的なちがいはないので、生物は「系統発生においても環境への適応という流動性をもちうるだけの歴史的産物であると考える方がより自然だという事が出来る。」ところが、「怠け者哲学者はこのルイセンコの業績の革命的意義を全然洞察せず」にいる。今後の研究方向は、「形質と因子ないしは染色体上の位置という実体との単なる対応を設定」したにすぎないメンデル遺伝学の実体論的段階から進んで、「染色体の各位置がいかなる物理化学的作用をする事によって、各形質を展開して行くのか、という事をつかむ」「本質論的段階」をめざすことが要求される。この方向は、ルイセンコ学説の方向と一致する。以上のように武谷は考えた。

さて、この論争で照明をあてられた、いくつかの問題を整理しておこう。⑴突然変異と自然選択で進化が説明できるかどうか。一方、ルイセンコの遺伝学説は正しいか。⑵生殖細胞と体細胞との関係、核と細胞質との関係はどうか。また、形質と遺伝子との対応関係の追究が限界に来ているという評価は正しいか。⑶ 春化処理の研究は、獲得形質遺伝の問題と本質的に無関係であるかどうか。⑷ ソ連における、突然変異説に対するレッテルはり的態度は正当かどうか。

このように問題点を列挙してみれば気がつくのだが、武谷‐山田論争で、そののち一〇年にわたる論争の、おもな係争点はすでに出そろっていることに注意しなければならない。つまり、重要な対立点をしぼりだすために専門的な生物学者の手をわずらわすことは、直接には必要でなかった、ということになる。そうだとすると、生物学者に残された課題はたんなる紹介だけではなく、問題点の摘出だけでもなく、遺伝学の分裂をひとつの機会として、自分の研究を創造的に発展させることだったはずである。にもかかわらず、この責任は少なくとも十分にははたされなかった。

哲学を自然科学の方法に解消しがちな自然科学者、しかも生物学には素人の自然科学者と、哲学者との間の哲学論争の一環として日本のルィセンコ論争の幕が切って落とされたという事実は、戦後の論争も、戦前マルクス主義の伝統に強くしばられて開始されたことを示している。次の時期になると、主役は、生物学出身の科学史家、方法論研究者に移るが、依然として戦前マルクス主義的な傾向は、かれらの間から消えない。

本格的な紹介

ルィセンコ学説の概要

戦前においては、ルィセンコの遺伝学説の紹介は、第一章で述べたように、盛永俊太郎（一九四二）、八杉竜一（一九四〇、四二）によってなされたほか、ルィセンコ自身の論文が和泉仁の訳で『ソ連の科学技術』（一九四二）におさめられただけであった。戦後においては、本格的な紹介が始まったのは一九四七年以後である。当時その任にあたった人として、八杉、高梨洋一、石井友幸の名をあげることができる。そこで、読者の理解を助けるという意図もかねて、かれらがこの時期に伝えた限りでのルィセンコの学説を簡単に要約しておこう。この要約は、八杉「ルィセンコ遺伝学説」（一九四七）、八杉「ルィセンコ学説について」（一九四七）、高梨「ルィセンコ育種学説に関する諸問題」（一九四七）、石井「現代遺伝学とルィセンコ学説」（一九四八）の諸論文にもとづいたものである。

A　植物の段階的発育

(1)　発育段階説

植物の種類が異なれば、その生長と発育のために異なる生活条件が必要になる。それぞれの植物の発育時期は、一定の外的条件を要求するいくつかの段階にわかれている。これらの条件が適当でないと発育がおくれるか、そうでなくとも開花結実しない。たとえば秋まき性と春まき性のコムギとでは、発生初期の一定段階に、異なる温度条件を必要とする。秋まき品種のほうが、春まき品種よりも低い温度を要求する。

(2) ヤロビザチャ（春化処理）

秋まき性コムギの種子に、適当な低温条件をあたえてこの段階を経過させてやると、春まきしても出穂する。この処理をヤロビザチャという。しかしこの段階の経過に関係するのは、温度だけではない。水分、空気など外的条件の複合が要求される。春まき品種を温度処理して秋にまくこともできる。この場合の処理もやはりヤロビザチャと呼ばれる。そしてその際、本来の秋まき品種の耐寒性を増大させるより、春まき品種を変化させて、耐寒性を得させた方が効果的である。

B　ルィセンコ遺伝学説の基礎になった実験

(1) コムギの播性の変化

以上で述べたことは品種の特性、つまり播性を変えないまま本来とちがった季節にまくことを可能にした研究に関するものであるが、ヤロビザチャの仕方によって、秋まき品種を春まき品種に変えることができる。秋まきの品種を、最初は本来要求する低温におき、温度段階を経過し終わる数日前に、急に温度を上げ、春の野外の温度のもとにおく。このような処理を何代もくり返すと、秋まき性を失ったものがあらわれ、世代をへるごとに春まき性に変わった種子が多くなってゆく。逆に、春まき品種を秋まき品種に変えることもできる。

(2) 栄養雑種

白い果実がなるアルビノのトマトの枝を、赤い果実をもつメキシコ産のトマトの上に接ぐと、接木されたアルビノの枝に赤い実があらわれた。この赤い実の種子から育ったトマトの実の多数は赤であり、少数は黄色または白だった。さらに、ここで得られた赤い実の子孫は、やはり赤い実を多数、白または黄色の実を少数あたえた。黄色の実の子孫の多数は黄色で、少数は赤い実だった。

(3) 混合受粉

秋まき性コムギと春まき性コムギを交配して得られた種子は発芽するが、やがて死んでしまう。ところが、秋まき性コムギに、春まきと秋まきの花粉を混合して受粉すると、生じた雑種は致死的にならずに発育する。

C　遺伝学説

(1) 遺伝性の理解

メンデル・モルガン遺伝学は、遺伝の問題を、二つの生物体の交配に解消し、遺伝の機構を遺伝子のくみかえだけに還元しているが、このような考え方では、生物の性質について知ることができないし、それがどのように変化するかを知ることもできない。遺伝性とは、生物体がその生活、その発育のために一定の条件を要求し、種々な条件に一定の仕方で反応する性質、すなわち生物体の本性である。さらに換言すると、その生物体の物質代謝の型と言ってもよい。生物体は、外的条件が変化すると、変化した外的条件を同化して内的条件とする。こうして、生物の本性つまり遺伝性を変化させることができる。

(2) メンデル分離比の評価

三対一分離比は、メンデル・モルガン遺伝学の基礎であるが、このような現象には一般性がない。雑種は、外界の条件にもっとも適応的な方向を、可能ないくつかの方向のなかから選びとる。

(3) 獲得形質遺伝の主張

前記のようなもろもろの実験から、獲得形質が遺伝することは明らかである。しかも人間の手によって、生物の遺伝的性質を、われわれが望む方向に変えることができる。

(4) 特定の遺伝物質の否定

栄養雑種において、台木と接穂の間に染色体の交流があったとは考えられない。にもかかわらず、両者の間に雑種が形成される。これは、染色体またはその中にあるといわれる遺伝子だけが、遺伝の担い手だとするメンデル・モルガン遺伝学の主張があやまりであることを示している。栄養雑種の場合は、接穂と台木の遺伝性の統一は、物質代謝によって行われる。

(5) 有性生殖の理解

生物体のすべての過程は物質代謝であるのに、従来は受精だけがそうでないと考えられてきた。しかし、受精も他の過程と同じく通常の生理過程であり、二つの生殖細胞が相互に同化しあう過程である。混合受精の結果は、この考えを支持する。

⑹ 品種内交配

なぜ有性生殖が生物において発達したのであろうか。ひとつの親から生じた子は、両親から生じた子に比べて、その性質が局限されており、環境に対する適応性が小さい。従来の育種学者は、純系説をもとにして品種内の交配を有害あるいは無益であると考えていた。しかし、品種内の遺伝性を異にした植物間の交配によってその子孫の適応能力は高められる。

⑺ 遺伝の分類

メンデル遺伝は、ティミリヤゼフが行なった遺伝の分類のうちのひとつの型にすぎない。各種の遺伝は、栄養雑種においても見られる。

D　進化論

生存競争は自然選択の基礎にはならない。自然選択の基礎になるものは、物質代謝の変化すなわち適合過程である。そして選択には、相互に関連する三要素、遺伝性、変異性、生存可能性がふくまれている。適応的な性質がつねに合目的性と一致するとは限らない。その性質の合目的性は、そののちの生存可能性によって決定される。

E　メンデル・モルガン遺伝学に対するイデオロギー的批判

現代遺伝学は、理論的には形式主義的、機械論的であり、この理論的誤謬は、農業実践からの研究の遊離にもとづいている。メンデルは、生物科学に対し、いかなる関係ももたない。

紹介者による論評

八杉、石井はルィセンコ学説の紹介に際し、多少の論評をこころみている。その内容は、言うまでもなくルィセンコ説に肯定的であり、そしてこの説がソ連における生物学と社会主義農業との結びつきの反映であり、メンデル的な機械論、形式主義を克服している点を強調していることも、かれらの立場から当然であるが、部分的な批判もふくまれている。

まず八杉は、「残念ながら私自身は、ルィセンコ博士の学説およびそれを基礎づける実験的業績を十分に検討する資格を有していない。この検討および批判は、植物学者、遺伝学者の手に任せなければならない」と、自分の役割を限定する。これは実験室の生物学者ではなく、生物学史家、方法論の研究者として望ましい控えめな態度である。のちに、ルィセンコ派の人たちから、かれの態度がなまぬるい、といった類の批判をしばしば受けることになるが、その後も八杉のこのような態度は大きくは変わらなかった。

八杉はルィセンコ学説の不備な点として、次のような指摘をしている。⑴発育段階の経過によって、成長点の細胞にどのような生化学的変化がおきるのであるか、具体的に示すべきである。また、ルィセンコは、かれが物質代謝とよんでいる過程をひとつでもよいから、具体的に解明するべきである。⑵変化した外的条件を同様に動物についても、ルィセンコ的方法による研究が提出されるべきである。さらに動物について生じた変異が、なぜ適応的であるか説明不足である。⑶遺伝の分類にも問題がある。

石井は、「ルィセンコは、現代遺伝学にたいして否定的であるが、これは正しいであろうか」とみずから問題を提出し、「ルィセンコにおいては、外的条件との関係における生物の内的機構を分析していない点に不十分なところがある。……ところが、現代遺伝学はこの内的機構の分析に重点をおいているにもかかわらず、その分析の方法が誤っていると考えられる。……従って、現代遺伝学は全的に否定されるべきではなくて、ダーウィニズム及びルィセンコの正しい線の上に止揚さるべきものと考えられる」と解答した。

石井の批判および八杉の批判第一項が、ルィセンコは遺伝の内的機構の分析、あるいはその生化学的追究を軽視しているという点に向けられているのであるならば、たしかに正鵠を得ている。しかし、単に、ルィセンコはそのような機構をまだ分析しえていないという批判だとすると、それではルィセンコ学説を選択的に批判したことにはならない。正統遺伝学においても、当時は、染色体にある実体（DNA）が、遺伝的特異性を発現する生化学的機構は、ほとんど明らかになっていなかった。この点に関して高梨が、「染色体と形質の間に酵素始原体なるものの存在を仮定され、染色体から形質発現にいたる道の全過程は互に分離し得ざる一連の連鎖反応を以て関係づけ得るもので、酵素始原体は細胞質内の諸条件と相互作用の関係にあり、細胞質の変化に依存して酵素始原体は種々の分化をとげ、生ずる形質も異るにいたる」という吉川（きっかわ）秀男の仮説とルィセンコの理論の統一に希望をたくしているのは、興味深い事実である。

いずれにせよ、この時期においては、ルィセンコ派の人たちも、ルィセンコの言い分をうのみにはしていなかったことは、記憶されるべきであろう。

批判と反批判

遺伝学会で

ルィセンコ支持派と正統派遺伝学者との論争がはじまったのは、一九四七年一〇月に、松本でひらかれた日本遺伝学会第一九回大会においてである。この大会で高梨洋一は、「突然変異の育種的意義。ルィセンコ学説を中心として」と題する講演を行った。かれはダーウィン以来の正統遺伝学の発展を手みじかに述べたのち、ルィセンコの遺伝学説を紹介し、「ルィセンコの学説が正しければ、我々は作物及び家畜を我々の要求に適合せしめる強力な方法を獲得する事になるのである。ここにルィセンコの学説の検討を諸氏に要望する次第であります」と結論した。この報告に対し、駒井卓が立って、「本大会は演者自身の研究結果を公開して、聴衆の批判を受けることを本旨とするものである。……それ故この問題についても演者自身が十分なる実験研究を遂げ、その結果を公開し、他人の説は自身の結果を判定する参考程度に述べるに止められたい」と決めつけた。

生物学者の間で、ルィセンコ論争が、このような事件を発端として始まったことはたしかに不幸なことであった。しかし私は、駒井の発言が、メンデル・モルガン遺伝学者の動揺のあらわれであり、ルィセンコ学説に対する「批判ぬきの抵抗」であったという評価には賛成できない。あとでくわしく述べるが、正統派がルィセンコ派に感情的に反発する場合、ソ連でメンデル派の遺伝学者が政治的に迫害されているという知らせによってひきおこされた怒りが、その大きな要素になっている。ルィセンコ学説が政治問題としてとりあつかわれた先例が、この時すでにアメリカにあったのであるから、日本では不必要な混乱をもたらさずに、生物学上の問題としてとりあげられるような条件がととのえられるべきだった。そのためには、たんなる紹介をとり急いで行うよりは、追試によってルィセンコ学説を裏付け、満を持して、全国の遺伝学者の集会で発表したほうが有効であったろう。

高梨の報告が行われた夜、浅間温泉「芳の湯」で、第一回ネオメンデル会の会合が開かれ、その席上でもルィセンコ学説をめぐる討論がなされた。ネオメンデル会は、「若い遺伝学者」の自由な討論の場として、佐藤重平、山下孝介が中心となってつくった集まりで、あとに述べるように、『ルィセンコ学説』『現代遺伝学説』などの論文集を編集し、初期のルィセンコ論争で大きな役割をはたすことになる。

「芳の湯」の集まりでは、まず高梨からルィセンコ学説の再報告が行われ、この報告をめぐって会は騒然となったが、小野記彦が「環境説を染色体説ととりかえようとするのはどうかと思う。このような研究方向は、染色体説のひとつの枝であって、染色体説で説明のつかなかった問題を解決する手がかりになるのではないか」と論評し、染色体説は全能ではないが、遺伝学の基本となるべきことを強調した。司会役の山下は、小野の発言をひきとり、「ルィセンコ式の考え方は、まだ日本によく消化されているわけのものでもなく……今後私共は一層この方向の知識を得て研究をつみましょう。またルィセンコ紹介者……も十分今日の進んでいる遺伝学を消化してもらいたい」と言って、この問題の討論をしめくくった。

翌一九四八年三月には、雑誌『遺伝』の主催で「新しい遺伝学批判」と銘をうった座談会がひらかれた。出席者は、竹中要（よう）、田中義麿、山下、増井清、篠遠喜人（しのとおよしと）、和田文吾、古畑種基（たねもと）および編集部の佐久間信で、ネオメンデル会が中堅の集まりであったのに比べて、この座談会には、生物学、農学、医学界の大家が結集している。ルィセンコ学説に対する批判点としては、⑴ルィセンコの供試材料が不純ではないか。コントロールをおかない実験では信用できない（山下・田中）。⑵栄養雑種についてはウィンクラー以来の業績の検討が行われていない（竹中）。⑶ヤロビザチャは、生理現象に関する問題で、遺伝現象とは関係がない（竹中）、などがあげられる。一方、なぜ「ルィセンコの説に対する一種のあこがれが生れて来るか」（田中）ということが話題になり、正統遺伝学は、「遺伝子が形質へ来るまでのプロセスをまだ研究する域に達していなかった」こと（竹中、田中、篠遠）が、その原因であるとする説がだされた。またこの座談会では、農学者としてのルィセンコの業績は正当にみとめられており（田中）、この功績と「新しい遺伝学にかんする点が、非常にこんがらがって」いる（竹中）と指摘されている。

あとひとつ、ソ連生物学界におけるルィセンコの勝利が政治的な役割をはたし、正統遺伝学者の追放が行われ、その巨頭であるバビロフが処刑されたという風説が、この座談会ではじめて、権威ある生物学者の口から語られたことを、特記しておかなければならない。ただし「こういう問題は、それぞれの思想的立場に影響されずに、あくまで科学的に検討さるべきだと考えるのですが、ルィセンコ学説についてもそういう傾向が必ずしもないとはいえない」（佐久間）「大いにあるですね。そこがますますルィセンコの説を不明瞭にしているわけです」（田中）と、ルィセンコ学説を政治問題と切り離して論議すべきだという考えが強調されていることも、注意してよかろう。

ルィセンコ学説の検討が終わった後、木田文夫、柴谷篤弘、吉川秀男、石井友幸らの著書をやりだまにあげ、これらの人は新しがり屋であるといった風の批判をくだしているが、それから一九年たった今、柴谷、吉川の「新しさ」が生物学界の主流を形成している事実から見て、当時の大家たちの「古さ」が、そこにはしなくも暴露されていることがわかる。

「白十字」での対決

つづいて同年八月には、本郷「白十字」において『遺伝』主催の座談会がふたたび催された。こんどは、メンデル・モルガン派以外に、ルィセンコ派の人も加わり、両派対決の最初の機会となった。出席者は、野口弥吉、石井、八杉竜一、岡英人、高梨、佐藤、菅原友大、篠原捨喜(すてき)、篠遠、佐久間、和田、福島要一、山田映次である。

はじめに、ルィセンコ学説の実験的根拠として、栄養雑種と播性の遺伝的変化の信頼性が問題にされる。栄養雑種については、岡から、それが突然変異によるものではないか、という疑問と、世界中で多くの人が同じような実験をこころみているにもかかわらず、ルィセンコが得たような結果がでない、という不審が表明される。岡に加えて、篠原、野口も、このような疑いをはらすためには、実験方法やその経過がどうなっているかを知る必要がある、と主張する。たとえば野口は、「ここで黒白をつけるのは無理で、方法をはっきり教えていただいて、われわれも実験してみることにしたい」と提言するが、ルィセンコ支持派もくわしい情報をもっていないことが、明らかになる。ただし八杉は、農事試験場にルィセンコが主宰する雑誌『ヤロビザチャ』があると報告し、それを読むように、出席した農学者、生物学者たちにすすめ、野口もこれに積極的な反応を示したのだが、石井は「単なる実験ではなくて……そこから生まれてくる新しい遺伝学の理論を研究しなければならない」と強調し、かえって反発をかい、説得力を失っているようである。

播性の遺伝的変化については、篠原、岡から、この効果が、環境の変化による選択の結果として説明できるという批判的な意見がでて、石井、八杉はやや受身の形になりながらも、「その問題はたとえ説明できても、他に進化の問題等は説明できなくなる」と反論する。ついで、選択に創造的役割があるかないか、突然変異をどう評価するか、などのことに議論の焦点があてられるが、ほとんど、岡、篠原と石井との舌戦になる。岡、篠原は、実地の研究者としての利点を発揮して、かなり具体的な例をあげて石井に迫るが、石井は「大局的理論」一本槍でこれに対抗する。その結果、石井が押されぎみだという印象をぬぐえない。ただひとつ、石井が注目すべきルィセンコ解釈を行っているから、その発言をかかげておこう。「今までのメンデル・モルガン式の遺伝学では、すべて形態学的な研究の段階でものをいっているにすぎないと思う。しかしその段階を越えて、もっと生理化学的な面から遺伝学を建設してゆこうというのがルィセンコ説の本質です。……メンデルを基礎とするか、ルィセンコを基礎とするか、という問題ではない。」

ネオメンデル会の『ルィセンコ学説』

ついで九月に、ネオメンデル会が、論文集『ルィセンコ学説』を出版した。このなかには、すでに引用した盛永、八杉、石井、高梨の論文が再録されているほかに、ルィセンコ反対派の代表として、田中、駒井、佐藤の論文がふくまれている。これらの論文は、前記のいくつかの座談会でできたルィセンコ批判の総括の意味をもっている。

田中は、「自然科学上の新しい学説に対して……今までの伝統とあいいれないがために、あたまから受付けないというような態度をとってはならない。……それから或新説の主唱者が素人だからといって、あたまからばかにしてかかるのも宜しくない。また基礎的素養がないといって相手にしないのもいけない。……ルィセンコは僧職にあったメンデルよりも遺伝学にはむしろ縁の近い関係にあるといえる」と前おきしてから、ルィセンコ批判に入る。その要点を次に列記しよう。(1)ルィセンコが示した栄養雑種は、生理的影響、病気の伝染または観察のあやまりか、あるいは材料の不純によるものであろう。今まで実施された接木の数ははかり知れないほど多いが、ルィセンコが示したような結果がひとつも得られていないことを考えると、以上のようにしか説明できない。(2)実験の規模があまりにも小さいため、その結果が信頼できない。(3)従来の説に対するルィセンコの態度ははなはだ軽率である。たとえば、メンデル分離比が実現しない場合があることを、メンデリズムが誤りであるという証拠のひとつにしているが、これは確率を知らない者の言葉である。また、メンデリズムでは思うような品種改良はできないとルィセンコは言うが、自分（田中）自身も、カイコにおいて同一品種内の交配と選択だけで、まゆ層重やまゆ層歩合をおどろくほど高めることができた。

以上のように田中は、ルィセンコを批判するが、一方かれは、正統派もまた、ルィセンコ学説のような異説が、梅雨時の雑草のように跡を絶たず生えてくる事実を反省すべきである、と説いている。

佐藤も、「ルィセンコは遺伝学を知らない素人だとかラマルキストだとかレッテルをはって片付けるわけにはゆかない。」「ルィセンコは遺伝学の提唱により、遺伝学が古い殻から脱皮して新しい発展に向う契機となるなら、遺伝学者もルィセンコ説に感謝せねばならない」という発言に見られるように、田中と同じく慎重である。しかも、ルィセンコ論争をイデオロギーの対立、感情の対立にしてしまってはならない、とくりかえし力説し、立派な見識を示している。なお、ネオメンデル会の論文集には収録されなかったが、野口も『農業朝日』一九四八年一二月号に「問題のルィセンコ学説とは」という記事を寄稿し、論争に参加している。かれはソ連における遺伝学の政治的な圧迫を非難し、科学の研究は実験にもとづいてその正否を問われるべきであるのに、わが国の支持者が、「何れも遺伝学者でもなければ、育種学者でもないところに、何か考えさせられるものがある」と感想を述べており、これらの表現が、八杉を激昂させることになるのだが、論旨を全体として見れば、むしろ田中、佐藤の所説と同じようにおだやかである。ルィセンコの登場をきっかけとして、遺伝学者の間に見られる環境軽視が反省されるべきこと、またことの正否の判定に、イデオロギー的要素を混ずるべきでないことを、正しく論じている。

最後に駒井の論文だが、ルィセンコ学説の内容の批判に関する限り、その大部分は田中の主張と同じである。それ以外に、ルィセンコの術語の使い方が我流であるという批判が強調されている。たとえば、ルィセンコは、遺伝という言葉を生物の本性と同じ意味に使っているが、「我々の考えでは、用語を厳に慣用の意味に使うことは、科学的の記述には絶対に必要である。そうでないと、むだな混雑を起すだけで、益は更にない。」このような混乱の「少なくとも一部は、著者（ルィセンコをさす――中村）の正統遺伝学の知識が不十分なためと判ぜざるをえない」と駒井は自分の見解を明らかにした。田中、佐藤が、ルィセンコ説に対する先入観をいましめた上で、かれの説と態度に批判を加えているのとちがって、駒井のルィセンコ批判は、かなり感情的である。「ルィセンコは科学者ではなく、この説は科学的の学説といわれるべき資格を欠いている」と判定し、ソ連生物学界におけるルィセンコの支配は、研究の自由、科学の進歩にとってたいへん嘆かわしい、と感想を述べてこの論文を結んでいる。

吉川秀男の意見

次に、この論争で独特の役割をはたした吉川秀男の見解を見ておこう。かれは、戦前すでに卵巣の移植によって、カイコの卵色が変化することを実証し（一九三七）着色ホルモンの研究で大きな成果をあげていた。この研究の発展として吉川は、卵色発現機構の生化学的追究に移り（一九四〇年以後）、遺伝子は酵素を製造する設計者のような役割を果たすものであるという結論に達した。高梨が、メンデリズム克服の方向として吉川のこの業績を大きく評価したことはすでに述べた。吉川自身は民科の会員ではなかったが、民科学生叢書の一冊として『遺伝』（一九四七）を著している。

この著書の再版（一九四八）で吉川は言っている。「モルガンの遺伝子説を誤りとなすのも間違いなら、メンデル・モルガン派がルィセンコ学説に何等の示唆もうけないとなすのも行きすぎ」である。「もしルィセンコが、外界の条件は遺伝形質の発現の模様を変化させることもあるし、又場合によっては遺伝質そのものにも一定の変化を与えるらしいという様なおだやかな言い方をすれば……これ程まで、アメリカの遺伝学者達に非科学的だと罵られなくてすんだのではないかと思われる。」このように吉川の意見は中間的であるが、消極的なまあまあ的態度にとどまっていたわけではない。遺伝学がとるべき進路について、積極的な見通しをあたえている。

かれは、ルィセンコ学説などに「新しい遺伝学」という名称をあたえることに反対して言う。「本当の新しい遺伝学とは、遺伝子の本質が実際に判った時で、遺伝子と酵素、蛋白質、バイラス、免疫元、ミトコンドリア、バクテリオファージュ等々との関係が何人も首肯できるまでにせられ、而も染色体並びにそれだけでは十分に理解できない一切の現象を含めて完全に説明しうる学説でなくてはならない。」ルィセンコの思想に近いものも染色体説もともに包含する、そのような本当に新しい遺伝学の「𠮟（ママ）音は下等生物に於ける目覚しい遺伝学の発展により近づきつつある」のだ。吉川の遺伝学論はかくのごときものであった。そして、当時ルィセンコ論争に関与した人のうち、かれだけが、論争の行方についてほぼ正しい見通しをつけていたことは、特筆しておくべきである。

民科内部の懐疑派

ルィセンコ学説に対する批判者は、民科生物部会の内部にもあった。山口清三郎がそのひとりである。かれは柴田桂太門下の生化学者で、一九五二年に逝去するまで、民科生物部会内部で相当大きい影響力をもった人物であった。山口が、どのような理由でルィセンコ学説に懐疑的態度をとったかは、明らかでない。しかし、前章で顔をだした山田坂仁は、当時山口と親交を結んでおり、山田のルィセンコ批判の背景に山口の存在があったと推察することもできる。そして少なくとも一九四七年には、まだかれが正統遺伝学を支持していたことは、論文「合目的性と因果性」(『理論』第一巻第二号)を検討すればわかる。たとえば山口は、正統派的な進化論にかわるべき見解は発見しがたいと述べ、突然変異は因果的説明を拒否するとか、系統発生上大きい群の出現に無力であるという批判も、少なくとも完全にはあてはまらない、とルィセンコ派的な批判をしりぞけている。

もうひとりの批判者飯島衛は、桑田義備(よしなり)門下の細胞学者であり、戦後はそれよりも生命論の論客として活躍していた。かれがはじめてルィセンコ問題について見解を明らかにしたのは、『理論』一九四九年一月号掲載の「実在と象徴」においてである。この論文で飯島は、前記ネオメンデル会編の論文集『ルィセンコ学説』なる一巻の批判白書」の批判からはじめる。かれによれば「それらの批判は老大家田中先生の公正と思われるものを除いては、現代の混迷を示したにすぎなかった。……筆者のすべてが、問題の基本と、遺伝学とルィセンコ説との理論的相違を見出す才能をもたなかったためである。」

そこでかれは、みずから両者の理論的相違の摘発を行う。(1)メンデル・モルガン説は生物の不連続点(受精現象)にその基礎をもっている。ルィセンコ学説では、物質代謝という連続点にその重点がおかれている。(2)メンデル・モルガン説は「細胞説」を盲信して、機能と全体性とを十分に考慮していない。一方ルィセンコ学説は一種の全体論である。以上のように、「出発に際して異り、その方向においても異る」二つの基本理論は、遺伝についても相違した見解を生まざるをえない。

生体内に遺伝の器官はないというルィセンコの意見は、環境の重視と獲得性遺伝の確認につらなる、と飯島は指摘し、つづいて、「獲得性形質」の概念の混乱が、この問題をめぐる論争を水掛け論にしてしまった原因だと主張した。かれによれば、「獲得性形質」を広義と狭義にわけるべきである。現代遺伝学が否定しうるのは狭義のそれであって、「大進化」の過程でみられる広義の「獲得性遺伝」は否定できない。しかし、ルィセンコの栄養雑種は狭義獲得性遺伝の範疇に入り、「この実験結果には、簡単に賛成するわけにはゆかない。」

次は遺伝の定義。ルィセンコの遺伝の定義と「遺伝は親より子に遺伝因子の移動する現象である」（田中）とする正統遺伝学の定義のちがいは、「獲得性形質」の定義に深く結びついていることをすべての論者が見落としてしまった。かくて飯島は、メンデル・モルガン遺伝学とルィセンコ学説がたがいに補いあうべき面を代表するものであるという、かれの見解を組みたててゆく。「生物はこれら両者の認識をいつも兼ねねば十分な認識にいたりえない。」

メンデル・モルガン遺伝学の染色体説は、受精現象、減数分裂の研究、人為突然変異の発見と利用、唾腺染色体の確認など「一連の確かりした実験により基礎と歴史をもっているのであり、これを一挙に否定しさることは将来といえども到底考えられぬのである。」このように、正統遺伝学の基幹を容認した飯島は、この学派の弱点もついて、メンデル・モルガン派は「旧態依然たる染色体数、核型その他の表作成」に余念がなく、かれらの「認識能力に救いがたい欠陥がある」と判断し、さらに、メンデル・モルガン学説の弱い環は遺伝因子発現の機構にあるのだから、「今日もはや」この方面へ「遺伝学全部が向うべき時期ではなかろうか」と適切な方向指示をあたえている。したがって「我々の攻撃を向けるべき点は」（と飯島は結論をくだす）正統遺伝学の理論とルィセンコ学説との統一を妨げている「資本主義学問の機構と矛盾、混迷にみちた性格にある」のであって、「メンデル・モルガン説そのものにあるのではない。」

以上見てきたように、飯島の立場は両説の総合にあるのだが、「出発点においても方向においても異る」二説の総合がどのような作業によってなしとげられるかという具体的な提案は全然見当たらない。染色体説を肯定し、栄養雑種を否定したのでは、実質的にはメンデル・モルガン主義の補強要求の域をでないことになり、この点を後述するように、八杉から痛撃されることになった。あとひとつ注目すべきことは、かれが、ルィセンコ学説が細胞説の否定であり、全体論だと指摘した慧眼である。事実ルィセンコ学説は、レペシンスカヤの細胞新生説（第四章）との提携において、自己間引き論の展開において、飯島が指摘した通りの実態をあらわにする。いずれにせよ飯島が、進歩的生物学者の攻撃目標を正統派の学説そのものでなく、学問の資本主義的歪みに定めたメリットは、十分評価されるべきだろう。

反批判

このような正統派ないしは中間派からの批判に対して、すぐさまルィセンコ学説支持派から反批判が出された。その主役は、やはり八杉竜一である。八杉は『生物学の方向』（一九四八）、「生物学への反省」（『思想』一九四八年七月号）、「ルィセンコの主張」（『自然』一九四九年一〇月号）、「批判に答える」（『理論』一九四九年五月号）において、ルィセンコ学説批判に答えて、かれの考えを述べた。

まず『生物学の方向』では、八杉自身または他の人を懐疑的ならしめている問題として、(1)ルィセンコが遺伝性に対してあたえている定義が妥当であるか。⑵遺伝性の変化が環境条件の変化に対して適合的であることが承認されるか。⑶生存可能性の概念は明確さを欠いてはいないか。と三点をあげる。⑵については八杉はもっとも懐疑的であり、生化学的にこの過程が実証されるまで疑問が残る、と言っている。⑶に関しては、生物学の現段階ではそれ以上具体性をもたせることはできないとルィセンコを弁護した。⑴の問題、つまり遺伝の定義については、八杉はルィセンコ支持をはっきりうちだして次のように述べている。「従来の遺伝学においては、遺伝の定義はまったく形態学的性質にもとづいてなされている。……これに対してルィセンコの定義は二つの点において革命的である。第一に形態と機能とを切りはなすことなく、ともに遺伝性の概念にふくませていること。第二に、生物と環境との関係を定義の中にいれていること……。遺伝学においては形態学的思惟にとらわれたがために行きづまりを生じたのであり、いわゆる生理遺伝学もこのわくを打破しえなかったがゆえに、ルィセンコ遺伝学の出現の意義が高く評価さるべき理由があるのであるから、ルィセンコの場合における遺伝性の新しい定義は、生物学の現段階において意義あるものと云わなければならぬ。」

八杉はさらに『思想』の論文では、ルィセンコの遺伝学を共産主義宣伝の政治的遺伝学であるとして排斥する人や、ルィセンコがたんなるアマチュアにすぎないと言いはる人があると指摘し、次のように論じた。「もしルィセンコの実験がまやかしであり、彼の理論が根本から間違っているなら、一部の人がいうように彼の学説が政治上の主義宣伝にはなったとしても、ソ連の学界、ソ連の国民、ソ連の政府の利害の差引きはどうなるであろうか。……もしソ連の政府が間違った学説のしりおしをすれば、生物学界ぜんたいが収拾のつかない混乱におちいることが目にみえている。それればかりでない。……ソ連の農業をうちこわし、はたんさせ、農業生産の実際に破滅的な影響を与えるだろう。……このような単純なことに気付かないのは、生物学と農学との強固な結合が忘れられ、生物学の各分科もそれぞれ関連なく独立し、学界にセクショナリズムが支配する国の学者たちばかりである。」

また、従来の遺伝学者に対するルィセンコの態度が軽率だという批判に答えて八杉は、「ルィセンコの立場とメンデリズムの立場とは、根本的に相いれない」ことをみとめながら「ルィセンコは、メンデル遺伝学の認める事実が全部間違っていると云ったりしているのではない。……むしろモルガンの業績に対しては、相当の敬意をはらうことを表明している」とルィセンコを擁護している。そして日本における論争に関しては、「ルィセンコの学説が日本で問題にされ始めてから、日本においても、科学者の間の思想的対立の尖鋭な表現としてとらえられる傾向が生じている。もちろん、そうならざるを得ない理由が存在する。しかし我々はその傾向をできるだけさけたいと思う」と論評した。

『自然』の論文は次章でとりあげることにして、『理論』論文に移ろう。「追試をせずに支持する」という批判は、生物学者間での論争のそもそものはじめから、ルィセンコ支持派になげつけられたものであったが、八杉は四つの点から次のような論法で、この批判をはねかえす。第一点。「個々の実験的事実の集積から自然に理論体系が生れてくる」のではなく、生物学者の推理は「それぞれの学者の社会的その他の立場によって制約されている。」「一つの学的体系に矛盾があり、それが実証的基礎において不備であることが指摘され、他方に合理的な学説が成立し、それが実証的基礎の上に立っている場合、後者にもとづいて前者の欠陥を批判し、後者を紹介し、その発展を多くの学者に対して要求することに差支えがあるとは思われない。」第二点。ルィセンコ学説の実証的基礎は、「単に彼自身が行った少数の実験だけではない。」その他、農業において普遍的に見られる事実、ミチューリンなど優れた育種家の業績、ソ連農業における成果、があげられる。第三点。「多くの生物学者は実証と実験を混同し」なおかつ実験そのものをも「個々の実験、観察、推理をふくんで成立する実験の体系」と切り離して考えている。第四点。追試しないで支持したという非難の口裏には、これを政治的な立場から取り上げているという非難がふくまれている。

さらに進んで、八杉は、ルィセンコ支持者は遺伝学者でも育種学者でもないと指摘した野口弥吉に次のように、激しくくいさがった。石井友幸は遺伝学者であり、高梨洋一は育種学者であるから、野口は自分をさしたのであろうが、野口の発言こそ「現代学界の狭量なセクショナリズムをよく表現した言葉」だ。

しかし、八杉のこの反批判には、勇み足があるように思われる。石井はすでに、自然に学びつつある生物学者であったら書きえないほどの空虚な文章書きとなっており、高梨は育種を中止中の育種家であり、八杉は充実はしていたが実験生物学者ではなかったことこそが問題であり、「遺伝学者でないものが」という批判は、「追試もしないで」という批判と同じ内容のものだったことを認めなければならない。では、ルィセンコ支持派は「追試をしないで」よかったのかというと、私はそうは思わない。そのことについては改めてあとで論じることにする。

さてつづいて八杉は矛を転じ、飯島衛征伐に向かう。まず「飯島氏の最初の誤解は、〝染色体説〟に対するルィセンコの攻撃を染色体研究一般に対する攻撃ととっている点にある」と指摘し、次に、染色体説がみごとな建物であり、その土台も牢固としているという飯島の意見をひきあいにだし、「学者がその基礎において誤った学説をもっていても、実験室内にとじこもっているかぎり、彼の誤謬は目立たない。……しかし彼が生産的実践に立ち向う時には、もはやその誤謬はかくせない。……だから日本では染色体説を信奉して居られるが、ソビエトではそれができない」と染色体説に破産を宣した。

この時期の八杉の論調をみると、紹介開始当時にくらべて、いささか過剰防衛の気味がある。ここではかれは、十分に冷静だったとは言えない。ただし、一九四八年、ソ連で行われた大論争と事後の行政措置が日本につたわる頃になると、八杉はふたたびもとの慎重さに立ちもどる。それは次章の主題の一部である。

むすび

遺伝性の理解

石井友幸も八杉竜一も、ルィセンコ遺伝学の優越点のひとつを、生命現象の形態学的把握の限界からの脱却にもとめた。高梨洋一は、遺伝生化学の進歩に期待をよせた。実際、遺伝性＝生物の本性、とみなし、生物の本性を物質代謝の型と見るルィセンコの着想には非凡なものがある。現代遺伝学のその後の輝かしい発展の歴史は、生物の本性に一歩一歩迫っていった過程でもあった。けれども、それが物質代謝のパターン一般の追究というよりは、核酸や蛋白質の特異性の実体と、それを伝達する機構の追究という形で進められてきた点において、ルィセンコの遺伝性の定義は有効ではなかった。しかしルィセンコに限らず、分子生物学が一九五〇年代後半に入って、爆発的な進歩をなしとげる条件がととのうまでは、生物学者の間では、代謝過程一般、とくに技術的に追究しやすい比較的低分子の中間代謝を調べあげてゆくことによって、生命の本質に肉迫できるという見解がきわめて根強かったように思われる。つまり一九五〇年までは、生化学の時代だったのであり、ビードルなどの遺伝生化学、ニーダム以来の発生生化学、ボールドウィンによってひろめられた比較生化学、グリーンらを中心とする呼吸酵素系の生化学のような西欧生物学のフロントと、これを排斥するソビエト生物学は、ひとつの茎に咲いた二輪の花と言ってもよい面がある。ところが、このような生化学のレベルの研究と、もっと高次の生命現象との間には、かなり深い溝があり、しかもその溝をうめつくす見通しがなかなかつき難いということが、しだいに明らかになってきた。そこにあらわれた新しい接近方法が、いわゆる分子生物学である。この接近方法は、ソビエト生物学の流れからでなく、西欧生物学の流れから、つまりメンデル・モルガン遺伝学をその一部として包含する世界の内部に生まれた。後者のこの点での優越は、まさに染色体という「特殊な遺伝物質」をしっかりにぎって離さなかったことにある。遺伝のための特別の物質あるいは器官がないとするルィセンコの言葉は、ある意味では正しい。しかし、細胞内諸物質または諸器官の相互作用において、基本的な役割をはたす部分があっても、「弁証法の立場」から見て、おかしくはない。細胞全体に平均的にのっぺりと、「生物の本性」をおしつけたところに、ルィセンコ派が生物学のフロントから取り残されたことの方法論的な原因があった。

どちらにせよ、術語の内容を固定すべきだと要求する駒井卓の意見は明らかに正しくない。八杉の「定義は実践的でなくてはならぬ。したがってそれはまた学問の発展段階に応じて発展するところのものであり、固定不変のものではありえない」という論は、的を射ている。

輸入と創造

一九四八年までを概観すると、駒井は別として、正統派の遺伝学者たちの反応が意外に温和だったことがわかる。まず第一に、ルィセンコ学説を、政治的思想的イデオロギーから切り離して検討すべきだとする意見（佐藤重平、佐久間信、田中義麿、吉川秀男）が強く、ルィセンコの登場をきっかけにして、正統遺伝学も反省すべきだという空気もでてきている（田中、佐藤、竹中要、篠遠喜人、吉川、野口弥吉）。この状況は健全であったと言ってよい。ルィセンコ学説の積極的意義を日本の遺伝学界で定着させるための素地は、このように存在していたのであって、その素地から成果を生みだしうるか否かは、ルィセンコ派の論客たちの態度に大きく左右されることになった。この場合、ルィセンコ派の人たちがなさなければならないことは二つあった。第一に、ルィセンコ学説の検討に、政治的、イデオロギー的要因を混入させないように、かれらの側も十分配慮しなければならなかった。この点については次章でくわしく議論するつもりである。第二に、ルィセンコ一派の業績の追試、それもできることなら創造的な追試が、なによりも喫緊だった。ルィセンコの登場が、たんなる政策的なものではないことを証明するためには、ルィセンコ支持の側から、実証的データがでてくる必要があった。当時の社会的条件から言って、そのような研究は困難であったろうが、たとえば栄養雑種の追試の最初のひとつが、清沢茂久のように、研究条件に決してめぐまれていたとは言えない（かれは家庭菜園で研究をした）人の手によってなされた点から見ても、とくに農学者である高梨には、啓蒙はさておき、何よりも実証的研究が期待されるべきだった。

また石井などルィセンコ派の理論家は、一方では生命現象を物理・化学的法則に解消する機械論の批判者であったはずである。すると前述のように、ルィセンコの理論的な進歩性を、形態学的段階の克服、遺伝学の生理化学的方面からの建設の指向にもとめるルィセンコ派の考えは、機械論批判とどのように結びあうのであろうか。「生命現象を物理・化学的法則に解消してはならない」という命題と、「生命現象を物理・化学的な面から追究することは重要である」という命題とは、なるほど必ずしも矛盾するものではない。しかし同時にそのことは、両者が単に並列された場合、両方の命題とも空虚であることを示す。理論生物学者、または生物学方法論の研究者としての石井、八杉に期待されたのは、どのような課題について、どのような方法を用いて、物理・化学的追究がなされるべきか、どのような場合は、物理・化学的追究が無益であるか、その限界はどこにあるかを、遺伝学の問題について明らかにすることであった。つまり、かれらにおいても、紹介だけでなく創造が要求されていた。

方法論と実験技術

戦前のマルクス主義が、方法論主義としての命題からのがれられず、その後遺効果がルィセンコ派を苦しめたとすれば、その青春において社会的関心が稀薄であり、したがってマルクス主義の洗礼を受けなかった人たちは生物学を社会的・思想的視野からとらえるという点で宿命的に弱かった。かれらが、反ルィセンコ派の主力をかたちづくった。したがって、これらの人たちが採用する真偽判別の最初の規準は、伝統に根づいていることの深さであり、またとくに実験技術の手際のよさである。このうち後者、実験の正確さについての潔癖は、研究者としてなくてはならない基本的な要素であるが、この要素だけからは、誤りをおかさないが凡庸な非創造的な研究者しか生まれてこない。そして、過度の潔癖さは奔放な想像力と不敵な実行力を殺し、日本の研究者の一番大きな欠点に結びついている。たしかに、ルィセンコ一派の実験には粗雑なものが多い。そのことはソ連および日本の進歩的生物学者の多くも現在では確認している事実であるが、そうだからといってルィセンコが提示した構想の雄大さを評価し落とすことはできない。事実、技術的な点でもっとも強くあやしまれた栄養雑種が実在することが、そののち明らかになったのである。

一方、日本のルィセンコ支持派の「理論」「方法論」偏重は、戦後、生物学者の間でつくられた最初の民主主義的組織が「理論生物学研究会」であり、そしてここにおいて、ルィセンコ学説がはじめて、しかも理論的に討議されたことに、如実にあらわれている。この偏向が論争の進行過程でどのような姿をとってあらわれるかについては、第三章以下でおいおい述べてゆくことになろう。

第三章　政治の季節

ソ連における一九四八年論争

新しい状況

一九四九～五〇年になると、ルィセンコ論争に関していくつかの新しい状況があらわれる。第一に、ルィセンコ自身の著書の比較的忠実な翻訳が刊行され、一般の読者が、第三者の紹介を通してではなく直接に、ルィセンコ説を知ることができるようになった。第二に、問題の一九四八年論争の様子が、八杉竜一、高梨洋一および木原均によって、かなり詳しく紹介され、ソ連におけるメンデル・モルガン派遺伝学者に対する圧迫の真相が一部にしろ、あかるみに出された。第三に、日本共産党が、その機関誌紙を通じて、また指導者の発言を通じて、ルィセンコ説支持の態度をはっきりとうちだした。

第一の条件は、ルィセンコ論争が、両派の代表者間の「空中戦」という形から、追試の実行、およびミチューリン運動の展開へと事態がすすんでゆくための前提となった。そのことについては、後章であらためて論じることにして、この章ではそれ以外の点に関して、生物学者の間にあらわれた反応を見てゆくことにする。

まずソ連の一九四八年論争である。

ルィセンコとその追随者たち

日本をふくめ全世界の遺伝学界に大きな衝撃をあたえ、ルィセンコおよびソ連の生物学、ひいてはソ連の政治・社会体制の評価をめぐる論争にとって、ひとつの画期となった会議が、一九四八年七月三一日から八月七日までモスクワで行われた。一九四八年ソ連農業科学アカデミー会議がそれである。日本では、八月三〇日付の新聞を通して、「ソ連生物学界の粛清」という見出しのもとに、この事件は最初に報道された。

会議の全容を伝えることは、この本の枠をはずれるので、アカデミー会長ルィセンコが行った冒頭の演説の小見出しをあげておこう。⑴生物学は農学の基礎である。⑵生物学の歴史はイデオロギー闘争の場である。⑶生物学における二つの世界――二つのイデオロギー。⑷メンデル・モルガン主義のスコラ哲学。⑸「遺伝物質」学説における不可知性の観念。⑹メンデル・モルガン主義の無成果。⑺ミチューリン学説は科学的生物学の基礎である。⑻若いソビエト生物学者はミチューリン学説を研究しなければならない。

この八つの見出しは、ルィセンコ演説の基調をやや誇大化した形ではあるが、それだけに端的に表現している。この会長演説につづいて、両派の生物学者があいついで登壇するが、ルィセンコ派は数の上から言っても多く（五六名中四八名）、発言は威圧的である。極端なものをあげると、「学説の正しさを判断する場合には、その学説が実際上の仕事にどのていど役だつかをたしかめることが重要である。メンデル・モルガン主義は……実際のしごとの直接の障害になっていることが全く明白に知られるであろう」（オルシャンスキー）。メンデル・モルガン遺伝学を「反動的遺伝学と呼ぶのが正しいとわたくしは考える」（ヤクウシキン）。「ジェブラク教授は、一九四五年に雑誌『サイエンス』に発表した論文で、彼が科学の反動者たちとともに〝共通の世界的生物学〟を建設しつつあることを主張した。これもまた……メンデル・モルガン主義者の政治的面貌の特徴である」（プレゼッキー）。「遺伝学でもわれわれは、現在生物学の領域で燃えあがっている二つのイデオロギーの間の闘争のきわめてなまなましい図絵をみている。この闘争において、われわれソビエト科学者は、基本的なマルクス主義の立場に立たなければならない——科学において協力、原則の固守、革新、イデオロギー的接近、および愛国心をあらわさねばならない。二つの世界観の闘争においては人々は中間的位置をとることはできない」（ブシンスキー）。ざっとこんな調子である。

そして会議の最後をしめくくって、ルィセンコが再び登壇する。「同志諸君、わたくしは結論をうるに先だち、次の声明をおこなうことがわたくしの義務であると考える。わたくしが手にした質問書のひとつには、次の質問が記されている——わたくしの報告にたいして党中央委員会はどんな態度をとっているか。わたくしはお答えする——党中央委員会はわたくしの報告を検討し、それを是認した。」（嵐のような拍手。熱狂的な賞讃。全員起立）

こうしてはじまったルィセンコの結語演説は、「科学の偉大な友にして大家、われわれの指導者にして教師、同志スターリンに栄光あれ」（全員起立、長くつづく拍手）という言葉で結ばれる。

屈服した人たち

つづいて、会期中メンデル・モルガン学説を支持して、頑強にルィセンコをはじめ圧倒的多数の論敵とわたりあったジュコフスキー、アリハーニアン、ポリヤコフがあいついで立ち、自説の撤回を表明し、ミチューリン学説支持を誓った。かれら「改宗者」たちは、討論を通じて説得されたのだと自らの変貌を説明したが、同時にあるいはそれ以上に、政治的な要因がかれらを動かしたことはまちがいない。

たとえばジュコフスキーは、自分の立場が「生物学的ならびにイデオロギー的に」まちがっていたと反省し、「党中央委員会が生物科学における二つの傾向のあいだに分割線をひいたときの、一昨日おこなったわたくしの発言は、共産党員たるに値しないものであった」とも語り、そして「わが院長（ルィセンコ）の名声を大事にしようとの学士院会員ワシレンコの訴えをわたくしは守るであろう」と誓った。

アリハーニアンは言う。「ここに含まれている問題は、二つの世界の間の二つの世界観の間の闘争であり……われわれはこの闘争において……屈服した。わたくしは、戦争で兵士たちとともに戦いをしていたとき、わが党、われわれのイデオロギーを信じていた。そして今もわたくしは、科学者として、わたくしの国家と歩調をともにして、誠実にまじめに活動しているものと信じている。」

ポリヤコフは言う。「ミチューリン的傾向は、わがソビエト人民、わが国家に利益をもたらすことを欲するボルシェビキ、党員および非党員にとって唯一可能な道である。」

ジェブラクも、プラウダに寄書を送り、党中央委員会の決定にしたがって、自説を放棄すると宣言した。かれは、すでにプレゼツキーの発言のなかにでてきたように、アメリカの科学雑誌上で、メンデル・モルガン遺伝学が世界共通の科学であると述べたかどにより「非愛国者」というレッテルをはられ、もっとも強く非難されていた人物である。

事後の措置

このような結末に終わった会議にひきつづき、科学行政上の一連の措置が強行された。反ルィセンコ派の生物学者のうち、シュマルハウゼンは、セベルトフ進化形態学研究所長を免ぜられた。ドビニンは、細胞・組織・発生学研究所の細胞遺伝学部長を罷免されると同時に、その部は閉鎖された。その他、各大学で遺伝学の講座をもっていたポリアコフ、ジェブラク、ネムチノフも、大学教育相の演説で指名されて、罷免すべしと攻撃された。つづいて学士院幹部会拡大会議が開催され、この席上、学士院生物学部の指導者オルベリは、遺伝学における両派の論争は純生物学的問題についての意見の相違にすぎず、常にありがちのものである、と述べたところが、中立的態度をよそおいながらルィセンコ派に反対しているとと非難され、その責任をとわれた。さらに九月には、医学学士院幹部会で、ソ連医学界においても、ミチューリン生物学が十分に活用されなかったために、ソ連医学の発展が阻止されていたという指摘が行われ、研究活動の再組織が着手された。

こうした紹介の仕方をすると、アメリカ遺伝学会誌「ジャーナル・オブ・ヘレディティ」の編集長クックが表現したとおり、一九四八年の会議は、まさに「ワルプルギスの夜の集り」であったかのようである。しかし実際は、ナチによって破壊された国土を再建し、発展させるために、頭脳とエネルギーを統一し集中しようという、ソ連の政府と国民および科学者の熱望のあらわれとして、この会議を見ることも必要である。実際この会議では、多くの実験結果や農業生産面での成果も報告されている。しかも一定の期間、実地に採用すべき特定の技術を決定することは、計画経済を行っている社会主義国の政府としてやむをえないことでもあろう。けれども、その政策的なレベルと、技術を基礎づける理論自体の正否のレベルとを混同し、その上に、イデオロギーの色彩をほどこすまであえてしたことには、大きな錯誤があった。

欧米での反響

第二次大戦前に、すでにアメリカの学界は、ルィセンコ問題について、きわめてはっきりした批判的態度を示した（第一章参照）のであるが、かれらの間でゆきわたっていた反ルィセンコ、反ソ連政府の雰囲気の中で、ソ連の一九四八年論争は、火に油を注ぐような効果をもたらした。ドブジャンスキー、ゴールドシュミット、スターン、サックス、ライト、グラスなど、正統遺伝学の大家が、こぞって抗議の筆をとっている。イギリスでも、ダーリントン、フィッシャー、ハックスレーのような生物学界の大御所が、ルィセンコ批判に参加した。その他の西欧諸国の状況も大同小異であったろう。ここでは、公式の記録として、アメリカ生物科学連合会実行委員会声明の一部を引用しておく。

「政府および政党が、いわゆる〝科学的論争〟に介入し、一方に味方するのみならず、鉄のカーテンのこちら側ではどこでも信じられている学説を支持するという理由で、その科学者を免職したり、研究の継続を不可能にしたり、しばしば生命をさえ奪うことの可否については、科学者、科学の理解者およびすべての公平な心のもちぬしが、自分で判断すべきである。遺伝学の進歩を念願するアメリカ学会の代表者として、われわれは次の声明をおこなう義務を感じている。すなわち、ルィセンコおよび〝ミチューリン主義者〟によってふきかけられた遺伝学の議論は、科学思想のあい対立する論争とは認められない。実際は、政治と科学との闘争である。」

二つの遺伝学の間の論争が、イデオロギー闘争だとするソ連生物学者の布告を、アメリカの生物学者は、このようにふさわしく受けて立ったのである。そして、当時、国際政治上での二つの陣営の対立において、日本がアメリカ側に立ったように、一九四八年事件をめぐる遺伝学者間の対立では、日本の正統遺伝学者は、アメリカ人たちの影響を強く受けた。

激怒する正統派

反共の闘士・駒井卓

以上のようないきさつが明るみにだされると、日本でも、戦前から噂があったバビロフ粛清説（第一章）は、かなりの信憑性をもった情報だったのだと、一般に受けとられたのも無理がない。バビロフは、第一章でも簡単にふれたが、コムギの起源に関する研究で有名な世界的遺伝学者であり、また現代遺伝学の祖のひとりベーツソンの弟子でもある。したがって、もっとも正統な遺伝学者であるが、それとともに、長期にわたってソ連遺伝学界、育種学界の指導的地位にあり、ソ連の生物学を農業生産の発展に役立たせようと努力をつづけてきた人でもあった。バビロフがこのような人であるだけに、かれの悲劇的な運命を暗示する報道をきいた遺伝学者たちは、大きなショックを受けた。

まず、抗議に立ちあがったのは、遺伝学界の長老駒井卓である。前章で述べたように、かれははやくからソ連における遺伝学の圧迫に対して強い反発を披瀝してきたのであるが、一九四九年五月には雑誌『遺伝』に論文をよせ、ルィセンコ批判の急先鋒にふさわしい活動ぶりを見せる。かれは、ルィセンコ学説の内容についても言及し、これを批判しているが、論旨は一九四八年の論文のくりかえしにすぎないし、しかも論文の主調がそこにあるわけでもない。いまや、非難の重点は、明らかにソ連で進行しつつある遺伝学者の迫害に向けられている。「吾々がルィセンコ説に不賛成なのは、決して彼が素人だからというわけでなく、また必ずしも後天遺伝説だというわけでもない。説の内容もいけないが、これを唱道する態度がもっといけないのである。」

駒井は、一九四八年論争およびそれにひきつづいて強行された「正統遺伝学者の追放」についてかなりつまびらかにふれ、バビロフが逮捕され流刑されたというニュースを伝え、しかもこれらの事件に関して、ルィセンコが大きな役割をはたしたのであろうと推測する。そして、「これはまさに、現代における宗教裁判であり……他国内の事として無関心に見過すには、あまりにもひどい事件である」とルィセンコ一派およびソ連政府をはげしく糾弾した。

さらに、同じ雑誌の一九五〇年一〇月号では、「現在、問題の中心はここ（学説の正否――中村）にはなくて、むしろ学問の自由というもっと根本的なところにある。」ソ連だけでなく「中国の大学などでもメンデル・モルガン式遺伝学は殆ど停止の状態になったという。これを見ても、ルィセンコ説の興隆が共産政治と切っても切れない関係にあることが分るであろう」と共産主義自体にまで攻撃の矢を放つことになる。

駒井にきびすを接して、山浦篤、田中義麿、佐藤重平、木原均、野口弥吉、小熊捍がこもごも筆をとり、ソ連における研究の自由の抑圧に抗議するし、デール、グラス、マラーなどアメリカ、イギリスの遺伝学者によって書かれたソ連政府およびルィセンコ一派弾劾の文書が翻訳紹介される。こうして一九五〇年には、ソ連において行われた不幸な事件に対する日本の遺伝学者たちの憎悪は極点に達する。

そしてもうひとつ不幸なことには、論争のこの時期は、政治の世界においても、ふたつの体制が一触即発の危機をはらんだまま対峙していた冷戦の絶頂期とも一致していた。また、日本の支配階級が、革新陣営の闘いを覆滅するために企てた反共的雰囲気の醸成が、少なからず成功をおさめた時期とも一致していた。

ルーズベルト－スターリンの、いわゆるアメリカ－ソ連蜜月時代は、一九四七年を転機としてはっきりと終わりをつげ、アメリカ帝国主義は、ソ連や勝利しつつあった中国人民に対し敵意をあらわに示し、社会主義諸国を包囲威嚇する態勢をとりはじめた。その結果、日本独占資本に対するテコいれが開始され、日本における潜在軍事工業力の回復、軍工廠解体の中止などの必要性をドレーパー使節団が公言して以来、アメリカ政府と占領軍当局は、その方向に向かって着々と手をうちはじめた。ドッジ・ラインはそのための基本的プランであって、この政策により中小企業の倒産が続出し、大企業は一斉に合理化をおしすすめることになった。官公労働者の大量行政整理も計画され、その前に頑強に立ちはだかった国鉄労働者の戦意は、下山、三鷹、松川事件の陰謀によってたたきつぶされた。そしてついに、一九五〇年六月には朝鮮動乱が勃発し、共産党は半非合法状態に追いやられ、勤労者の間にはレッド・パージの旋風がふきまくることになる。この状況に歩調を合わせて、露骨な反ソ反共宣伝が、マスコミを通じて日本国中に流布され、労働運動においては、いわゆる民同が、反共の旗印のもとに支配権をにぎるという結果となった。

この時流に、ルィセンコ批判がみごとに乗ってしまい、一九四八年論争とその後の事件も、反ソ反共宣伝にとっては、ねがってもない好材料になったわけである。しかし、生物学者によってなされたソ連政府・共産党弾劾が、多くの場合善意にもとづいてなされたものであり、その上この批判が少なくとも部分的には真理をふくんでいたということに、不幸のなかのもうひとつの不幸があった。

生物学者たちの間からわきおこった怒りと悲しみの声のなかで、ひときわ調子が高かったのは木原均の発言である。かれは、一九四八年七月、戦後海外渡航科学者第一号として、ストックホルムで開かれた第八回国際遺伝学会に参加した。そこでかれは、マラー会長のルィセンコ非難演説を聞き、学会終了後欧米各国をまわり、外国の生物学者たちからこの問題に関する真偽さまざまの噂を聞きこんで帰朝した。日本へ帰るとかれは、精力的にルィセンコ批判を開始した。まず『自然』(一九五〇年二・三月号)に発表された「リセンコ遺伝学とその反響」では、木原はルィセンコ学説の哲学的背景からときおこす。かれの言うところによれば、弁証法的唯物論は、次のような諸原則をもっている。(1)存在するすべては物質である。(2)物質は永久である。(3)物質はつねに変革しつつある。(4)物質は反対する要素からなっていて、それらの反作用が変革の原因である。(5)物質の変革は歴史的である。

さて木原は、以上のような弁証法的唯物論の諸命題を生物学に応用して得られたものが、ルィセンコ学説であると説明する。一例をあげれば、「すべての生物は静止していない」という命題から、ルィセンコは植物の発生を自説の出発点にもってきた、というわけである。ルィセンコにおける哲学と科学の接続の仕方の正当不当については、木原は、『遺伝』三月号の「リセンコ学説の批判」で、ルィセンコは「理論にあわせるように結果をだしているようにみえる。理論にあうような……自説に都合のよい例をよせ集めて、その真偽については反省しない」ときびしく批判している。

木原は、ルィセンコ学説の内容にも立ちいっているが、その論旨は、前章で紹介した田中論文や駒井論文とたいしてちがわない。ただ次のふたつの論点は、とくに注目されてよい。まず、マカロニコムギからパンコムギができるというルィセンコ一派の「発見」は、ここではじめて一般に紹介された。しかも、パンコムギは、マカロニコムギとタルホコムギの複二倍体であることの証明は、紹介者木原の業績としてあまりにも有名である。かれは、コムギの起源の専門家としての経験から、ルィセンコの新発見は、技術的なあやまりにもとづく誤認だとした。つまりマカロニコムギをつくった畠に、パンコムギの種子が混っていたのであろうと想像したのである。

あとひとつは、栄養雑種に関する発言である。木原は、栄養雑種は「プラズマゲンの変化または移行として研究されるべきだ」と評している。これは、のちに篠遠喜人が提唱した「働き手」説とともに、栄養雑種の現代生物学による検討の方向をさし示したものであった。

木原はさらに筆をすすめて一九四八年論争の紹介に転じる。一般の読者は、この木原論文と八杉竜一、高梨洋一による論争の抄訳（一九四九）によって、論争の詳細を知ることができたのであり、しかも木原抄訳では、正統派に対するルィセンコ派の攻撃のあくどさが暴露されているので、日本の論争にとくに大きな波紋を投じることになった。木原自身、一九四八年論争の速記録を読んで、激しい感動にこころをゆすぶられたと告白し、次のように述べている。「私は、この会議でしばしば攻撃されている反動的遺伝学者のカテゴリーに属する一人である。従って感動というのは、四面楚歌の間に自らの信念を守って闘った八名の遺伝学者、科学者に対してである。リ氏（ルィセンコをさす――中村）の結論に先立って、嵐のような歓声の中に全員起立して、党のリ氏承認に拍手を送った会衆が眼前に彷彿する。その渦中に悄然とするこれらの人々に想いをはせて、強い感動なくして、この短い記事が読めるだろうか。プレゼントは、二つの学説の和解にはモルガン派がその教義を捨てることだといった。それでは和解ではない。全くの屈伏である。……科学上の真理を信ずる人々が、他の人々に撤回をさせる必要があるであろうか。真理は最後の勝者である。……私は、ソ連の若い科学者がなお彼等の真理と主張をひそかに守って、将来の科学を黙々と育ててゆくものと確信している。」

木原はまた、旅行中見聞した、外国の生物学者のルィセンコ問題に関する反応についても報告している。ソ連および東欧に住む同僚の安否をきづかう心痛と、政治が科学を圧殺した暴挙に対する義憤、これがかれによって伝えられた、欧米遺伝学者たちの声のすべてである。ただし、ルィセンコ学説を支持する論文を発表したスピッツァーが、思想の自由をもたぬ共産党員として大学を追放されたというアメリカでおきた事件も、公平に報道している。そして最後に、遺伝学者たちにとって最大の関心事であったバビロフの運命について、かれの情報を提供する。

バビロフは、第一章で述べたように、一九三六年のソ連農業科学アカデミー会議ではじめてルィセンコの攻撃にあい、この時からかれの地位は不安定になった。その頃、ニューヨーク・タイムズは、バビロフ投獄を報じた。この噂を否定するために、バビロフは世界中の生物学者にメッセージを送ったが、それには「ソ連には思想研究の自由がある」と書かれてあった。一九三九年の『ヤロビザチャ』によれば、『マルクス主義の旗の下に』誌主催の会議で、バビロフはさらに強く批判され、一九四〇年には植産研究所長と学士院附属遺伝学研究所長の地位を去った。この時以後、かれの消息は絶えてしまったが、一九四五年にひらかれたソ連学士院二二〇年祭の時に印刷された会員名簿にバビロフの名はないので、この時すでに、かれは死亡していたと思われる。

木原は言う。「彼の死がどんな死であったかは、想像の外一歩もでない。」しかし「信ずべき筋の調べでは一九四二年の末、オホーツク海のほとり、マガダンという気候の悪い金鉱のために建てられた町で逝去したと認められている。」

『遺伝』一九五〇年二月号に掲載された「バビロフの追憶」は、「かれが遺伝学の殉教者として自説を守って死んだ」ことが事実であろうと推測した木原が、バビロフとの交友の思い出を感動的に綴った文章である。一九二九年、コムギ品種の蒐集のためわが国にやってきたバビロフは“Life is short”“Life is too short”とつぶやきながら忙しく日本中を歩きまわった。かれは何度もいった。

「日本が世界文化に貢献した最大のものが二つある。一つは桜島大根、もう一つは温州ミカン。」そして京都駅を汽車が動きだすと、別れにかけつけた木原に向かって、バビロフは大きな声で、「サクラジマダイコン」と叫び、窓から手をふりながら去って行った。このような想い出を語ったのちに、木原は次の言葉で追憶の辞を結んでいる。「私には〝サクラジマダイコン〟の声が今もなお耳に残っている。彼の一生は確かに短かった。しかしガリレオのように、信ずる学説のために闘った人として、後の世に尊敬されるであろう。」

田中義麿その他

田中の大著『遺伝学』増補第七版に追加された「謂わゆる新しい遺伝学」（一九五〇）を、前章で紹介した同じ筆者の「メンデリズムとルィセンコ学説」（一九四八）と比べると、この二つの論文の間にはルィセンコ批判の態度について大きな相違があることがわかる。この変化は、「政治の季節」が正統遺伝学者の対ルィセンコ態度に、どれほど著しい影響をあたえたかをよく示している。一九四八年の論文で見られた、ルィセンコ学説出現の意義を受けとめて反省しようという謙遜さも、偏見なしにルィセンコを論ぜよと主張する公平さも、一九五〇年の論文では全くかげをひそめてしまった。そして、議論の重点は、駒井の場合と同じく政策生物学の排撃に移っている。

これまで、駒井、木原、田中の論文について明らかにしたように、この時期にはルィセンコ批判の焦点は、ソ連における研究の自由の圧迫にあわされたが、研究内容や方法に対する批判が姿を消したわけではない。政治的な対立のあおりをくって、この点での非難も一九四七〜四八年頃よりむしろ痛烈になったと言える。たとえば『遺伝』一九四九年五月号で、山浦はルィセンコの「ありそうもない実験を追試しようとする物好きも今はいない」とあえて断定するだけでなく、ワイズマンがネズミの尻尾を切って、切られた短い尾が遺伝しないことを調べた実験も存在価値があった、と強弁している。ワイズマンのこの実験は、メンデル・モルガン流の遺伝学者が、獲得形質の遺伝をいかに機械的に理解しているかを示す好例として、ルィセンコ派がよくひきあいにだすものであり、今では正統派の遺伝学者でさえ、一般には、獲得形質遺伝を否定する証拠にはならないと考えている単純素朴な実験なのである。

山浦の発言は並はずれたケースだとしても、一方の極にこのようなウルトラ・メンデル・モルガン派が生まれはじめたことは、この異常な時期の空気を示す著しい事実であったのだ。しかも、残念なことには、山浦にこのような発言を許すだけの基盤がわが国にはあった。田中は前記一九五〇年の論文で言っている。「日本にも最近ルィセンコ学説が紹介され、これに対し関心を有する者も漸次増加の傾向にある。併しこの説を高調する人々の間にも、まだ実験的にこれを証明しえた人は一人もないらしい。」これは、当時の日本のルィセンコ派の弱点をみごとに射ぬいた評言であった。ただし、ルィセンコ派は、山浦が言うように「物好き」でなくなったから追試をおこたったわけではない。「理論ごのみ」、相対的に言えば実験軽視がかれらにそうさせたのであり、このあやまりは、第一章でときあかしたように、ルィセンコ派の人たちにとっては原罪的な意味をもっているのであった。そして、山浦や田中が追試の空白をついて、ルィセンコ派を急迫したまさにその頃、意外なところでやがてルィセンコ学説に有利な結果を生むことになる追試が開始されていた。正統遺伝学界の大御所、国際基督教大学教授篠遠喜人の研究室で、一九五〇年からはじめられたナスの接木実験がそれである。この実験については、後章でくわしくふれる機会があるだろう。

中間派の立場

総合派

とにかく、こうしてルィセンコ学説はさまざまな非難を浴びながらも次第にひろく普及され、専門外の人たちの話題にものぼるようになる。この状況のなかで、それまで発言しなかった生物学者も、ぼつぼつ自分の見解を公表しはじめる。そのような発言のなかには、ルィセンコ説の積極性を評価するとともに、一方では率直に、その不十分さを指摘したものが相当多い。そこでここでは、これらいわば第三勢力の意見をまとめておこう。中間派の人たちは、主張の内容から言っておおまかに二つにわけることができる。第一のタイプは、メンデル・モルガン説とルィセンコ説を総合しようという立場である。第二のタイプは、文字どおり両者の中間に位置する立場である。そのうち第一の類型にまず登場してもらおう。

農学者吹田信英は、ルィセンコが示した実験事実は正しいが、そのデータを一般化して「一つの法則として出そうとしたところに間違いがある。」また、メンデル派も、自分の都合がよい事実だけにもとづいて理論を立て、「これを一般的法則としておしつけようとする。その点でルィセンコ説と同じ間違いを犯している」と論じた。メンデル遺伝学に合わない事例としては、遺伝子の発現における環境の作用の重要性と細胞質遺伝をあげている。吹田の意見は、やや整理されていないという印象をあたえるし、またかれは、両派が見いだした事実からどのような包括的な理論が展開されるべきかという積極的な展望にも言及していない。しかしこのようなことを期待することは、むしろ無理なのであり、吹田のような「中間性」は、当時においては望ましい態度のひとつであったと思われる。

吹田に近い立場から、「ルィセンコ学説とメンデリズムを総合する作戦仮説」(『生物科学』一九四九年)を提案した人に獣医学者長塚義男がいる。しかし上記のかれの論文題名とちがって、内容的には、「メンデリズムの吸収によるルィセンコ学説の補強」とでもよぶべき見解である。かれの意見によれば、メンデリズムは次のような欠陥を蔵している。メンデリズムは、品種間に見られる微細な形質の差異をあつかっているが、門、綱、目等の形質の遺伝の研究、言いかえれば大進化の研究は、メンデル遺伝学の方法によっては近づけない。また、遺伝現象と生理現象と環境を機械的に切り離して考えているので、前成説にならざるをえない。このような「いろいろな欠陥は根本的には現代の社会構造にふかく根ざして」いる。一方、ルィセンコ学説は「物質代謝を基礎として遺伝現象を理解しようとしている」ため、以上のようなメンデリズムからは近づきかねる課題をも、とりあつかいうる可能性をもっている。「したがって、両方法論のいずれが優っているかは明瞭である。」しかるに、ルィセンコ学説の基礎になっているデータはわずかであり、不成熟であるから「学説としては、現段階ではきわめて不備なものだといわざるをえない。」かくして長塚は、「両者の総合」を試みる。かれは、受精卵の発生過程で、一定器官を形成する潜在的能力が、次第に一定部域に限定されてくる現象と、対立形質の優性、劣性が決まってゆく現象とを、本質的に同一であるとみなし、こうすることによってメンデリズムは、ルィセンコの後成説に包摂されうると主張するのだ。

長塚の意見と全く裏返しの考えから、内容的にはかれと似た見解を表明した農学畑の高崎恒雄の立場も、中間派のひとつのあり方を代表するものと言えよう（『遺伝』一九五〇年九月号）。ルィセンコの実験事実はみとめるが、それは一応正統遺伝学の線でも説明できる。けれども、ルィセンコの発見をふくめて、育種上重要な現象は、正統遺伝学においては、比較的重点がおかれていない方面に関係が深い。これが、高崎の見解の要点である。なお、正統遺伝学の枠内にはあるが、ないがしろにされている例として、染色体の「不活性部分」の役割、初期発生における遺伝子の作用、小突然変異の役割などがあげられている。

カイコ学者たち

次に文字通りの中間派だが、この部類に属する一群のカイコ遺伝学者たちがいる。しかもかれらは、その業績の独創性において、いずれもわが国の誇りとするにたる研究者である。

『遺伝』一九四九年三月号には「遺伝と環境」と題する座談会の記録が掲載されている。前述の吹田の意見も、実はこの座談会の席上でなされたのであるが、なかでも諸星静次郎が、メンデリズム批判の口火を切って物議をかもした。諸星は、カイコの化性、眠性、体色などの形質の優性化、劣性化が、環境によって大きく左右され、しかもそのあらわれ方が時期によって異なることを実験的に証明した（一九四六〜四九）人である。さて、上記座談会で諸星は、生物は環境に適応して、必ずしもメンデル比通りには分離しないと強調し、この点でかれの説とルィセンコ説との類似性が明らかになる。けれどもかれは、ルィセンコとちがって遺伝子の存在をみとめる。また、環境に適応してあらわれた生物の形質が、次代に遺伝するとは言っていない。諸星は、同じ年の『遺伝』六月号にも「ルィセンコ学説をめぐって」という一文を寄せて、かれの見解を敷衍しているが、この論文では、育種は「個体全体、すなわち生命をとりあつかう仕事なのである。」そこでどうしても「全体性に非常に重きを置く」ことになり、ルィセンコの場合も「分析的研究が欠けていた」のではあるまいかと疑問をさしはさみ、ここから「遺伝子の存在を否定するような結論がでたのであろう」と、想像した。ひるがえってかれは、科学には総合と分析の両方が必要であると論じ、正統遺伝学はルィセンコの場合と逆に、「余りに分析的方面に走り過ぎて」そのため注意を「遺伝因子のみに集中して環境をおろそかにしてはいないだろうか」と反省している。

次に、カイコの生理遺伝学では、諸星の先輩にあたる梅谷与七郎の意見を聞いておこう。梅谷は、化性が遺伝子によって直接左右されるのではなく、卵巣がやしなわれる養母の血液に支配されて前決定することを、卵巣移植と血液移注の実験により証明した（一九二五〜一九三三）。また、雑種強勢その他養蚕上の実際問題で効果をあげるためにも、遺伝子だけでなく、環境および細胞質を重要視すべきであると、戦前から強調しつづけてきた人である。

梅谷はその著書『形質と環境』（一九五一）で主張している。「品種の支配に於いて実験遺伝学では、遺伝的基礎と個体発生との関係が無視され、〝形質〟の発現と生存条件との関係が全く考えられていない。」したがって、「遺伝子の力を過信するあまり環境（細胞質）の働きを無視してきた今までのとらわれに、ルィセンコが一矢を報いたことは、私の長い体験から共鳴するものである。また染色体万能主義にとらわれて、難解な現象にぶちあたると、種々な仮説を設けて無理な説明を敢えてし、あくまでメンデルの牙城を守らんとする行きすぎも反省すべきであろう。」このように正統遺伝学に不満をぶちまけた梅谷は、一方「ルィセンコが、育種的体験からみなが築きあげた遺伝子の存在を否定し、環境因子を第一義として生物遺伝を論じ、ラマルキズムの獲得性遺伝を生物の本性に帰し、五〇年間われらが築きあげてきた遺伝学を根底からぶちこわそうとしていることは、確かに行きすぎであろう」と、ルィセンコ派をもたたき、学説的にはケンカ両成敗的な評価をあたえた。しかし、政治的には、ソ連のゆき方を断乎として非難する点で、正統的な遺伝学者たちに一歩もひけをとっていない。いわく。ルィセンコがこの問題を「国策的な背景によって押しきり、基礎遺伝学者の退陣などの結果をもたらしたことは、誠に遺憾である。」そして日本では、ルィセンコ学説が「民族の独立とか人民戦線の具に供せられている気配がみられる。」

ここで前に一度顔をだしたことがある吉川秀男についてふれておく。かれも梅谷、諸星と同じく、カイコ遺伝学出身者であることは第二章で述べた。吉川は、日本における遺伝生化学研究の中心として、先駆的な仕事を当時つづけており、その近代性のため元老の批判を受けたわけだが（第二章）、かれもこの頃までは中間派のひとつの型を代表する人物であったと考えられる。

『遺伝』一九五〇年四月号の「遺伝学者は協力を求めている」でかれは、ソ連のルィセンコ一派とアメリカの遺伝学者の確執を悲しみ、ルィセンコ派が、ソ連の正統遺伝学者ドビニンに投げつけた「ショウジョウバエの如き無用な動物の遺伝研究が一体何の利益をもたらすだろうか」という発言をひきあいにだし、次のように主張して、かれらをいましめている。「しかし、この人達はレンチェンがX線を見出したときの、またキューリー夫妻がラヂウムを取出した当時の、あの光景を想起しないのであろうか。だれが将来の実用性をそれほど早く予言できるであろう。……ともに手をとって一つの目的のために協力すれば、遺伝学はもっとすなおな成長をとげるであろうと思われるのに、悲しい現実は、自然科学に理解なき一部の煽動者たちによってかえって破局に拍車をかけてゆくようである。吾々はもとより、リ派（ルィセンコ派をさす——中村）に属する遺伝学者の中にも、協力を求めようとする人達も多いであろうに。」

そして同じ雑誌一〇月号では、「ルィセンコ説と従来のメンデリズムの相剋は、もはや科学的論争の域を越えたようである」とさじをなげた形になってしまった。

吹田が提案したように、両派の業績を総合するという方向は、当事者たちが、研究上の問題を政治上の抗争から切り離して取扱い、冷静に相手方の実験方法と結果を検討することによってはじめて可能だったのだが、その可能性が消滅しつつあることを、もうひとりの中間派吉川が嘆いているというわけである。そしてこれが、当時の真相でもあった。

以上の人びとの他、中間派として、医学畑の岸本鎌一（けんいち）、農学者の永松土巳（つつみ）、発生学者の丘英通（ひでみち）などの名をあげることができる。

木田文夫の正統説批判

最後に、木田を中間派のひとりとしてあげなければならない。かれの主張は、他の中間派の見解とかなり質を異にし、独自の体系を模索しながら、ルィセンコ学説に接近しつつあった。

木田は、一九四三年頃から、人間の遺伝性疾患者や遺伝性畸形者と正常な健康者との間に連続性があることをみとめ、遺伝後成説を展開していた。『思想』一九四八年三月号の「生命科学における内部相互関係論」で、その見解を体系的に披瀝したかれは、正統派を次のように批判している。(1)「メンデリズムを杓子定規に人間遺伝に応用することが、ほとんど大多数の場合に成功しないのは、その前提にある対立仮説（対立形質の概念の採用——中村）が大多数において旨く行かないからである。」(2)人間の形質の「ほとんど総てのものが、極端に病的なものから健康なものへ、畸形的なものから正常なものへと、飛び離れることなく連続的に移行している。」そこで「近年の遺伝学は、その複雑な類型移行を説明するために、〝複対立因子説〟を作った」が、この説明には無理がある。(3)「成熟生物体に現われるあらゆる先天的特徴のその原因が、その生物が生れでてくる前の種子や受精卵のなかに……遺伝因子の形で仕掛けられているという……前成仮説」は近年の発生学の業績によって誤りであることが証明された。(4)メンデル学説は、生物体の複雑な内部相互関係を完全にはとらえていない。この学説は「将来現わるべき新しくより包括的な、内部相互関係論遺伝学説の、その例外的な極限の場合に相当する」（木田は、内部相互関係を視野にもった遺伝学の研究の例として、遺伝生化学とともに「ソビエトの育種学者」の業績をあげている。これはもちろんルィセンコの仕事をさすものであろう）。(5)「染色体地図学説は極端な要素加算論である。」「悪意をもって解釈すれば、これほど奇妙なモザイク機械論は存在しない。」(6)「もとの生物体の内部構造に対して、何等の関係も持たない、ゆきあたりばったり無方向の突然な変化が、生物の一つの特徴を変えるという」突然変異説の考え方は機械論である。突然変異は「遺伝学の得がたい唯一の材料であるのではなくて、発生条件の研究のもっとも困難な、むしろ困った研究材料の一つではあるまいか。」

要するに木田の問題意識は、「現象の原因として、われわれの研究の目標となるものは、つねに身体環境の全体的な場の、生きて刻々動いてゆく内部依存関係のすがたなのである」という結論で示されているように、形質発現における内外環境の重要性の指摘であり、その限りでは中間派の他の人たちの議論と同じ水準に焦点が合わせられている。けれども、染色体地図の存在意義、つまり遺伝子説にかなり疑問をいだいているという点で、他の中間派よりはルィセンコに近い。木田はそののちも「人間遺伝の後成的因果関係の実証」（『科学』一九四八年一〇月号）、「遺伝発生の後成学説」（『現代遺伝学説』所収一九四九）、『遺伝と素質と体質』（一九四九）と精力的に労作を発表するが、基本的な構想は『思想』の論文と同じである。

木田説をめぐる賛否両論

木田説をさっそく支持したのは、ルィセンコ派の驍将八杉竜一であった。八杉は、『思想』一九四八年七月号の論文で「メンデル遺伝学に対する不満、さらにこの遺伝学のわくを大たんに打破ろうとするくわだては、ルィセンコばかりのものではなく、ソ連だけにかぎったものでもない。日本においてもかかる考えを明らかに述べている学者がある」と木田の名をあげ、木田が「ルィセンコとはやや異る学問領域、すなわち人間の体質の遺伝学的研究から、メンデル遺伝学に対する批判的立場をとるに至ったことは、我々に教えるところが大きい」とかれの存在を大きく評価している。

しかし木田説には、味方より敵の方がはるかに多かった。前章で述べた遺伝学界大家連の精養軒座談会ですでに、ルィセンコ学説以上に手きびしくやっつけられている。木田は遺伝学をもう少し勉強すべきだ、といったような攻撃さえ見られる。

けれども木田の主敵として立ちあらわれたのは、人類遺伝学の専門家田中克己であった。田中は、一九四九年『科学』にのせられた論文で、「遺伝子説が古い前成発生論の再現であるという非難」に答え、「近代遺伝学は最初から前成説ではなかったし、将来はなおさらそうである」と主張している。この論文では、木田の名前もでてくるが、まだ直接の批判対象にはなっていない。翌一九五〇年『遺伝』四月号の論文「いわゆる〝新しい遺伝学〟の本態」において、田中ははじめて木田をもろに攻撃しはじめる。

かれは、ショウジョウバエの痕跡翅遺伝子の発現が、飼育温度によって異なってくる現象などいくつかの例をあげ、主遺伝子の発現率や表現度が、他の遺伝子や環境の作用によってちがってくる、と説明を行う。このようなことは、正統遺伝学者にとっては常識であり、遺伝子学説を前成説だと決めつける態度は、無知にもとづくものである、というのが田中の正統派擁護論の要点であった。田中とほぼ同じ趣旨の木田説批判を、田中義麿と山浦篤もこころみている。

木田は、「遺伝後成学説について——田中克己氏に答う——」（『遺伝』一九五〇年四月号）で、ただちに反撃にでた。これは、木田が単なる中間派でなくて、ほとんどルィセンコと近縁であることを明らかにした点で、重要な論文である。かれは言う。「ワイズマン・モルガン学説によれば、もし人間の身心特徴の遺伝をみとめる場合、さいごにどうしてもなにか遺伝子の有無が問題になります。たとえば近視や糖尿病の遺伝子を初め、精神上のことでいえば浮浪性の遺伝子、残忍性や犯罪性などの遺伝子をなにかの形で仮説せねばなりません。……もちろん環境の力を重視なさいます。しかし環境は、これらの遺伝子を潜ませたり強めたりする間接的なものに過ぎないといわれます。……遺伝後成学説には、このような仮説は一つもいりません。赤ん坊時代には、どのような意味でも近視性や犯罪性の遺伝要素の含まれていることを考える必要はないのです。それでいて青年やおとなの近視や犯罪性が、すべて環境的なものだというのでもないのです。」「一つ一つの受精卵の内容はもちろん、一人一人の赤ん坊の特徴も、みな違うことをみとめ、それは大部分が遺伝の相違によるのだと考えております。」しかし遺伝の相違ということは「卵ではかずかずの化学物質（一字不明——中村）有の違い」にすぎず「ただそれだけです。」木田は、ここではっきりと単一特定の「遺伝物質」の存在を否定し、多数の物質の複合が遺伝的性質をかたちづくっているという思想を明示した。この考えは、遺伝性＝物質代謝の型と規定するルィセンコの立場に酷似している。木田は田中への反論をつづけ、ルイセンコ説をのぞく「いまの遺伝学が〝後成説でない証拠〟は、染色体地図になにより明らか」だと自説をくりかえし、「遺伝生化学は、さらにますます後成説に近づくでしょう」と見通しを述べた。

木田の著作は、表現において難解な部分を少なからずふくみ、しかも生物学と関係ない現象をたとえにとった叙述が多いため、いくぶん迫力が弱い。この点、カイコ遺伝学の人たちと対照的である。かれらは、自分の独創的業績を背景にしていただけに、その発言に重みがあった。しかし木田の弱さは、思考の冒険をおそれなかったという長所にもつながっている。また一方、かれの理論と、ルィセンコ説との親近性の一部は、ドイツの全体論生物学の影響に由来することも、かれがデュルケンやマイヤーをしきりに引いていることから言って、おそらくまちがいないであろう。この点では、エンゲルスの自然弁証法やベルタランフィ、ウッジャーの生体論が、石井友幸、八杉、碓井益雄ら民科理論生物学研究会のグループに大きな影響をあたえ、かれらをして、ルィセンコ支持または同情的中立の立場におもむかしめた事情と、軌を一にするところがあった。これらの生物学諸思想は、少なくとも機械論にきわめて強い批判的態度をとっている点で、全く一致している。

古典的な前成説が発生現象の機械論的な理解と結びついていることは、多くの人にとって異存のない事実であろう。しかし、田中の説をまつまでもなく、遺伝子説は、ハラーやボネーなどの一八世紀的な前成説とはことなるし、遺伝子説の正統から、全くの後成説が流出しつつあった。けれども一方、正統遺伝学の脱皮発展についてゆけない遺伝学者の間には、木田が指摘したような、すべてを「遺伝」のせいにする傾向が根強く残っていたことも事実である。この問題については、本章の終わりでふれる。

ルイセンコ派と二つの世界

ルイセンコ学説の発展

このきびしい政治の季節に生きて、日本のルイセンコ派は、ソ連における科学行政の転換と、それに対するメンデル・モルガン派遺伝学者の総攻撃にどのように反応したであろうか。進歩的生物学者たちの反応は、日本の進歩主義の虚弱体質を補おうとでもするかのように、多くの場合、居丈高なそして独善的な態度をとってあらわれた。しかしこの間(かん)の事情を述べる前に、八杉竜一、高梨洋一によって、あらたに日本に紹介されたソ連のルイセンコ派の業績をまとめておこう。

前章のルイセンコ説要約で示した内容の他に、八杉は一九四八年に「生存競争について」を、一九四九年に「ルイセンコの主張」(『自然』一九四九年一〇月号)を発表し、これらの論文でルイセンコの種内競争否定論を解説している。ルイセンコによれば、選択は生物の新しい形態の選別者ではなく、創造者である。しかも、同種個体の過剰繁殖が自然選択の要因となることはない。種の個体数を決定し、そして進化過程の原動力となるのは、同種個体間の競争ではない。この事実は、農業実践においても証明される。たとえば、タンポポ属のコクサギスは、その種子をばらばらに播くより一〇〇〜二〇〇の群として播く(巣まき法とよぶ)ほうが収量がよい。なぜかというと、過剰繁殖は種内競争をひきおこすことはなく、かえって栄養と湿度の存在を保証するからである。

その翌年書かれた「ルイセンコ学説の新発展」(『自然』一九五〇年二月号)では、八杉はソ連政府の大自然改造計画を紹介し、この計画にそってとりあげられた農業生物学上の諸問題のうち、防風林の設営と畜産発展の二つの課題の解決に、ルィセンコ一派がどのように貢献したかを示している。防風林の植林について言うと、上記の巣まき法が適用されている。畜産の発展と関係しては、「生活力」という概念が、あたらしく創出された。ルィセンコによれば、生活力は遺伝性とは別のものであり、有性生殖の過程、すなわち受精によってつくられる。生活力の程度は、両性の原基の差の程度に依存する。生殖細胞の差の第一の源泉は生活条件である。ことなる生殖細胞の合一によって、統一された生体のなかに矛盾がつくりだされる。生体に矛盾性が存在する間は、生体は生活力をもちつづける。以上のような「生活力」理論にもとづきルィセンコは、畜産の改良に成功するためには、遺伝性の改良と生活力の向上の両方から攻めてゆかねばならない、と主張するのだ。

「生活力」理論をふくむルィセンコ説の発展について、八杉は無条件に賛成する態度はとらなかった。かれは、動物学出身で、以前からルィセンコ学説の動物学における展開に期待をよせていた人であるが、ここでは次のように言っている。「ルィセンコが、動物と植物とをたえず類比している点に問題がのこる。」動物と植物では「生殖細胞の形成過程、それの独立性などについて、かなりの差異があるはずである。」また「植物についても、動物についても、ルィセンコ学説は、生殖細胞の形成ならびに受精に関する——新しい観点からの——細胞学的ならびに生化学的の研究によって検討され、推進され、実証されなければならない段階まで来ているように感じられる。……そうでなければ、ルィセンコの学説は終局的の勝利をうたうことはできないであろうと思われる」とルィセンコ説に批判的な展望をあたえた。

一方、高梨は、『遺伝』一九五〇年二月号で、ソ連におけるルィセンコ派の有力者グルシチェンコが行った研究を紹介した。これは、それまでなされた栄養雑種の紹介にくらべるとたいへん詳細で、研究方法についてもかなり立ちいった細かな技術を明らかにしているし、グルシチェンコたちが、材料の遺伝的純粋性にも注意をはらっていることが報告されている。実用面では、グルシチェンコ一派は有性生殖と同じような雑種強勢の現象が存在することの証明に成功し、細胞遺伝学的、成分化学的な研究もあわせて行った。たとえば、トマトのグンベルト品種（染色体数二四）とイヌホオズキ（染色体数七二）の栄養雑種では、染色体数が変化して二六になっている。

政治を回避する八杉

さて本題に入ろう。ソ連の一九四八年論争およびルィセンコ学説の新展開にともない、八杉と石井友幸、高梨その他のルィセンコ派論客の間に、以前からあった微妙な相違がややはっきりしたという事実を指摘する必要がある。さきほど述べた、日本のルィセンコ派の居丈高で独善的な態度というのは、石井などの言論をさすものである。

八杉は、前記一九四九年の論文では、「ルィセンコが総裁としてなした〝生物学の現状について〟の報告が、共産党中央委員会によって検討され承認されたものであると明言されたことが、世界の物議をかもした」が「私はこのことが必ずしも悪い意味での政治の干渉であるとは思わない」と述べ「イデオロギー上の問題と、ルィセンコ的育種が有効か、それともコルヒチンによる倍数性の育成に希望がかけられるかという問題とは、決して分離して取扱うことができない」と主張している。さらに、木原の「リセンコの遺伝学とその反響」の読後感として書かれた「ルィセンコ論議への私見」（『自然』一九五〇年五月号）では、八杉は「実験によって自然科学的真理が認識されるということ自身が、すでに一定の世界観の基礎のうえに立つ認識であ」る、とも主張している。つまり、八杉のこのような強調においては、イデオロギーの対立と実証的であるべき生物学の対立とを対応させるルィセンコへの掩護としての役割が意図されているのであろう。この点でかれの態度は、のちに述べる石井ら政治従属型の人たちと変わらない。このように世界観と自然科学的認識は切り離せないが、方法は外から対象におしつけられるべきものではない、この点で木原には誤解がある、と八杉は指摘する。すでに述べたように、木原は、ルィセンコ学説が発生の研究からはじまり、ここでルィセンコは弁証法を生物学に応用したのだと説明した。八杉は木原の言葉をとらえて批判する。「〝これを生物学に応用したのだ〟という教授の言葉が、対象の構造に関連なく機械的に適用された方法論という意味をふくんでいるように思わせ、私の気がかりになる。」また木原が「発生がルィセンコの出発点であること、かつその理由として〝すべての生物は静止していない〟ということをあげ」たのは適切ではない。なぜなら、ルィセンコは、生物は発生過程においてのみ静止していない、と考えているのではない。「生体と環境との関係の分析にこそルィセンコの第一の出発点」があり「もしルィセンコの方法論の適用の典型的な例を求めるなら、生体と環境との関係の相互性の分析のしかた、および発生過程の分析がそれであろう。」

八杉は、このようにルィセンコ学説における弁証法についてみずからの積極的解釈を開陳した。そして、かれのこのルィセンコ解釈および弁証法解釈は、のちの意外な方面で論争の種になる。すなわち、第一に、八杉‐井尻正二・徳田御稔の「自己運動論争」として、ルィセンコ学説正統争いの原因となり（第四章）、第二に、種の転化に関するルィセンコの新説をめぐる意見対立（第六章）において重要な意味をもってくる。八杉は、後者の場合には、ルィセンコの意見に批判的な態度をとることになる。

八杉は、ソ連における「科学者の追放問題」についても自分の意見を語るが、その態度はますます慎重である。かれは、「その実状についてわずかな知識しかもたないので、自分としては決定的な判断をくだすことができない」と前おきしながら言う。「かりにわれわれがルィセンコの立場に立ったら、事情はつぎのように説明されよう。生物学の正しい方法論は唯物弁証法である。」ところが「社会組織によって規定されるイデオロギーが学問のうえに反映し、観念論的ないし機械論的傾向に生物学をおちいらせ」る傾向が強い。「それでは客観的真理を正しくつかむことができない。そして、これがつかめなければ、科学を生産的実践のために役立たせることができない。われわれは、社会主義的社会の建設を急務としているのだから、この際断固とした処置をとる必要がある、と。」このような説明をあたえた八杉はみずからの感想を次のように述べる。「ともかく、これがルィセンコの考えであったと仮定した場合に、私はそれをいちおう諒解できるようにも思うが、難点ものこらざるをえない。学問のあり方、研究の価値のきめかた、自然科学至上主義の是非などの諸問題について、私にはまだ解決できないことがらが、ひじょうに多くある。」八杉は、かつて飯島衛との論争（第二章）で、社会と科学の関係について論じた自分の考えと表現が粗雑であったと率直に反省しつつつづける。「自然を対象とする科学の内容は、それほど単純ではない。学者の社会的立場とは無関係に、客観的真理の反映はありうるのである。この意味で、それほどルィセンコの断定をそのまま承認することは、事情をもっと知ってからでなければ、というためらいの気分になっている。」「私たちは、人間として、この地球上のどこにおいても、人間によって人間にたいする不正がなされた場合に、それにたいして抗議する権利をもっている。アメリカ人民は、ソビエトにおける不正にたいして、ソビエト人民は日本における不正にたいして、抗議することができるし、またすべきである。ただその場合に、抗議する者自身が不正の立場にあることをゆるされない。……はたして、私たちの学界は完全であろうか。研究者の地位と人権をただしく守っているであろうか。」

これは、「政治の季節」おけるルィセンコ派にはまれな、人間的な言葉である。けれども、以上のような八杉の弁明は、かれがソ連政府やルィセンコ一派に対する抗議をひかえる理由には決してならない。八杉はみずからが「不正の立場にある」ことを認めているわけではない。民主主義者には少しもない。国籍を同じくするからといって、日本の学界の反動ボスとの連帯を全うする義務は、民主主義者には少しもない。ソ連において行われた、生物学への政治の干渉に対し、日本では「民主主義科学者協会」の研究者が抗議するのでなかったら、他のだれにその権利があったろう。そして、反動的な科学者に不当な抗議権をゆだねるのではなく、民主主義的な研究者がこのような抗議を率先して表明することこそ、米ソをふくめた世界の科学者の間の、真の意味での友情を築きあげるための寄与となったにちがいないのだ。

政治に従属する石井

八杉の慎重な、そして回避的な反応と対照的に、石井、高梨などルィセンコ派の多数は、ルィセンコとソ連共産党の立場を直訳的に代弁し、宣伝する態度をとった。石井は、ネオメンデル会編『現代遺伝学説』（一九四九）に「ルィセンコ遺伝学説」と題する論文をよせている。石井は言う。ルィセンコ論争は「著しく政治的色彩をおびていることが看取される」が「これは当然であるといえるであろう。」と言うのは、「メンデル・モルガン遺伝学は資本主義の矛盾を反映し、一部少数特権階級に奉仕するブルジョア遺伝学であり、これに反し、ルィセンコ学説は社会主義農業の発展の基礎の上に生まれ、最も正しい意味における人民のための理論である」からだ。「この科学の階級的性質を正しく理解することなしには、吾々はルィセンコ説の本質をつかむことはできないであろう。」「ルィセンコ学説の反対者たちは、学説の内容とは別に、それが政治的遺伝学であるとか、共産党遺伝学であるとかいいふらし、また、ソビエトではメンデル・モルガン遺伝学者が追放又は圧迫されているなどといっているが、これは一種のデマゴギーであると思う。」このように非難するのは、メンデル・モルガン派の論客が「学説のイデオロギー性と真理性とをきりはなし、科学が中立的なもの、無色透明なものであるかのようにみせかけそれによって真理性を抹殺しようとしているからにほかならない。」結論を言えば「ルィセンコ学説をめぐる論争は……階級闘争を示しているものとみることができる。」

以上のように石井は、メンデル・モルガン派を強攻したあと、「わが国では、現在農業革命が進行中であり、それにともなって農業技術も大きく変革されようとしているが、このような実践方向と吾々の研究を結びつけ、また歴史的に反省し、そこから生まれてくる課題の上で遺伝学上の問題を解決してゆかねばならない」と、政治への積極的姿勢を示してこの論文を終わっている。

高梨も次節で論じるように、共産党の機関誌『前衛』に星野芳郎と共著で、「ルィセンコ学説の勝利」をうたう論文を著し、石井と同じ傾向を明らかにする。

石井、高梨の態度は、かれらがルィセンコ学説の優越性のひとつを、農業実践との結合におく以上、ある面で当然のことである。しかも少なくとも、自然科学の階級性に関する理解で大きな誤りをおかしており、それが「ルィセンコ説の本質をつかむ」という点で失敗する一原因となった。また農業と生物学の結合の問題についても、日本の社会的条件を吟味すれば、ソ連のやり方をそのまま日本に移しいれることが、政治的に進歩的であるとは限らないのであるが、この点でも石井はまちがっている。ただ、自然科学の階級性に関する理解においてマルクス主義者一般に見られた水準の低さ、および共産党の農業理論のあやまりが、その背景にあったわけなので、ルィセンコ論争の外の世界にまで視野をひろげなければ、問題の本質はつかめない。くわしくは、第五、六章で論じることにする。

かくて石井、高梨らは、論争を、すすんで階級的な対立と関連させようとし、八杉は逆にそのような傾向をさけ、政治問題からのがれようとする。のちに明らかにするミチューリン運動へのかかわりあいの深さのちがいも、このひらきの結果であると考えられる。

ルイセンコ学説の「勝利」

「階級闘争」にふるいたつ共産党機関誌

ルイセンコ学説が政策生物学であるという非難をまともから受けとめた石井友幸は、「階級闘争」の一環としてこの非難を撃破しようとした。共産党もまた、同じ解釈のもとに「階級闘争」を開始した。まず、日本共産党科学技術部編集『科学と技術』一一号（一九四八）に、藤井敏の「古いものから新しいものへ——メンデル遺伝学からルイセンコ遺伝学へ」が掲載される。藤井は、一九四八年論争と行政措置にふれ「ソ同盟科学アカデミーは、メンデル・モルガン的遺伝学に対して断乎たる処置をとっている」と確認し「支配階級の召使たちが彼らなりの頭でこれを〝追放〟ととるのは勝手だが、真に科学を理解しようとするものはこの問題を正しくつかみ、それを通して、科学の階級性、科学も又本質的な点においては決して妥協をゆるさない階級闘争の激しい舞台の一つであることを認識しなくてはならない。」ダーウィン・ミチューリン・ルイセンコの生物学と、メンデル・ワイズマン・モルガンの生物学との対立は「科学と神秘主義とのたたかいであり、また世界の各地でおこっている労働者階級を中心とする勤労者と、支配階級である独占資本との対立の現われでもある」とルイセンコ顔まけの激越な「階級闘争」ぶりを示した。さらに藤井は、メンデル・モルガン遺伝学の欠点をまとめて次のように断罪する。⑴かれらは遺伝子を一定不変の物質と考える。「このような固定的な考え方は、資本主義社会が一定不変の社会制度だという考えを人民に信じこませようとしている支配階級にとっては、まことに都合がよいのであってメンデル・モルガン遺伝学が独占資本主義が最も強力な権力をにぎっている国において最も栄えていることは決して偶然ではない。」⑵「彼らはダーウィニズムから、その欠点である生存競争だけをとりあげている。これまた支配階級の弱肉強食的やり方を合理化するのに全く都合のよい偽理論」である。等々他に二項目あげているが、これは省略する。同じ雑誌の一二号では、一九四八年論争の際に行われたルィセンコの結語報告を要約紹介し、翻訳者による短い解説で、わざわざ「ルィセンコの報告はソ同盟共産党中央委員会がとくに調査し、承認した上でなされたものであることを、附記しておく必要がある」と注意をあたえ、「科学の権威と共産党の権威との不可分な関係」を誇った。

この頃になると、進歩的学生のサークルなどでも、しきりにルィセンコ学説が話題にのぼり、議論されるようになった。かれらの間には、なんの抵抗もなくルィセンコ学説は受けいれられ、浸透していった。これは、スターリンの教えに誤りがあるはずがないのと同じであった。かくて、一九四八年、恒例の五月祭を前にして、東大理学部二号館の入口に、共産党東大細胞の名でルィセンコ学説の解説が掲示された。大阪市大でも「ルィセンコ学説は実証的に証明された」というアジビラがでた。おそらく、他の大学の共産党細胞も同じような啓蒙活動をはじめていたであろう。ルィセンコの『遺伝性とその変異』のガリ版ずりの翻訳がでまわったのも、この頃のことであったと私は記憶している。

一九五〇年初頭には、日本共産党書記長徳田球一が、「自然科学者ならびに技術者諸君に望む」というアピールを雑誌『自然』に寄せ、ミチューリン・ルィセンコの学説にふれて次のように訴えている。

「資本主義イデオロギーは、もはや新しい発展を理解し、指導することができなくなっている。それは、ミチューリン・ルィセンコによって新しく展開された遺伝学説において、国際的にも立証されているところである」と。

徳田論文発表と時を同じくして、日本共産党理論機関誌『前衛』に「ルィセンコ学説の勝利」と題する長い論説が二回にわたって連載された（四五、四六号）。四五号には、ルィセンコ学説の成立過程が中井哲三によって描かれている。中井によれば、ルィセンコ遺伝学説は、マルクス、エンゲルス、ダーウィン、ティミリヤゼフ、ミチューリン、バーバンクの遺産を継承するものであり、「そしてこれらの遺産は社会主義社会においてこそ真の発展をみるべきものであって」、ルィセンコ学説成立の背景として、大衆的コルホーズ運動の嵐のような展開があった。これに対して、メンデル・モルガン遺伝学の考え方は「本質的に自然のだいたんな変革を拒否する見解であり、それは恐慌への不安におびえ、莫大な固定資本の損失をおそれて、飛躍的な技術の進歩を拒否する世界資本主義のイデオロギーをきわめてはっきり表現するものである」と中井は決めつけている。

四六号の論文は、高梨洋一、星野芳郎両名の共同執筆によるものであって、「ルィセンコ遺伝学をめぐる批判と反批判」という副題がつけられている。かれらは、ソ連における一九三六、三九、四八年の三回の論争を通じて得られたルィセンコ学説の勝利のいきさつ、これらの論争および関連事件に向けられたアメリカ、イギリスの生物学者の攻撃についてひとわたりふれたのち、日本で進行中の論争に言及する。論争の発端となった武谷三男 - 山田坂仁論争（第二章）が紹介され、結論として高梨、星野は言う。「いまさらいうまでもない。山田氏の立場が、かんぜんにメンデル・モルガン主義の立場であり、それがマルクス・レーニン主義とは、どんな意味でも縁もゆかりもないものであることは明白である。

……山田氏の見解は、その後ぜんぜん氏の意見の修正がないところを見ると、いまにいたるまで、そのままであるのだということ、これが第一にさらに意外であり重大である。……つぎにまた、さらに意外でありおどろくべきことは、山田氏が幹部になっている民主主義科学者協会の哲学部会では、この山田氏の重大な誤りについて、いまだかつて一度も問題にしたこともなければ、むろん討議されたこともない、ということである。……この驚嘆すべき唯物論哲学者諸君の立ちおくれは、一刻もはやく克服しなくてはならない。」

こうして、山田坂仁を主犯とするマルクス主義陣営内部におけるルィセンコ批判者、または中立的立場をとる人びとは、「マルクス・レーニン主義と縁もゆかりもない」という極悪の罪状のゆえに、党の中央機関誌上で有罪を宣告される事態にたちいたった。

最後に、共産党科学技術部長井尻正二が立った。かれは、党機関紙『アカハタ』一九五〇年三月二四、二五日号で、「科学の党派性」と題する一文を草し、中井、高梨、星野論文でさえ「科学の党派性をぼやかしている」点でものたりないとした。なかでも、一部で見られるメンデル・モルガン学説とミチューリン・ルィセンコ学説を「折衷し、妥協させようとする試みなどは、だんこ否定され排げきさるべき非科学的行為と規定すべきものである。この種の論説の意図するところは、ミチューリン学説を内部から破壊することと、ミチューリン学説をブルジョア遺伝学に対して屈服させること以外の何物でもない」と、論告は峻烈をきわめた。

なお、この井尻論文は、前記石井論文とともにルィセンコ学説（井尻は、ミチューリン学説とよぶのが正しいと主張している）の、日本農業への適用を求めており、しかもこの期待が、ミチューリン運動として実現されたという点でも、注目されてよい。

「自己批判」といういかめしい代物

高梨、星野論文、とくに井尻論文において、狙い撃ちをされた人たちは、多くは名ざしにこそされなかったが、吉川秀男、長塚義男などの中間派、および山田、飯島衛、山口清三郎らマルクス主義陣営内部のルィセンコ批判者、または慎重派であった。この攻撃は、おそらくかれらに大きな影響をおよぼした。民科哲学、生物両部会に属していた非ルィセンコ派は、あいついでルィセンコ学説批判を撤回しはじめた。かれらの変貌は、はじめ両説とも一理ありとしていた吉川が、はっきり正統遺伝学の路線に投じることになった事実と対照的である。私は、かれら自身が、仮にそれを認めないとしても、客観的には、「政治」がひそかにかれらの心を支配したのだと推測せざるをえない。

山田は「客観主義について」（『理論』一九五〇年六月号）で、自然科学における階級対立の一例として、ルィセンコ学説とメンデル・モルガン学説の対立をあげ、「反映論について」（『理論』同年一月号）でも、種の特徴つまり物質代謝の型が、外界の諸条件の変更によって変わりうると、ルィセンコの名をあげて主張し、ルィセンコ説支持の態度を示した。山口も、一九五二年の「ダーウィン」という論文では、「過去の進化説はすべて単に生きた自然の歴史を〝説明〟する科学に止っていたが、ミチューリニズムによってはじめて、それは生きた自然を計画的に把握し、人間に役立つ方向へとこれを積極的に変革する手段を指示する科学に転化した」と述べており、この時にはかれがルィセンコ学説を支持する立場に移行していたことは明らかである。

撤回のいきさつがもっとも明瞭なのは、飯島の場合である。飯島の論文「冬小麦と猩々蝿」（『思想』一九五〇年一一月号）は、かれ自身の言葉をかりると「例の〝自己批判〟といういかめしい代物」であった。

自己批判の第一点は、かれが両説の対立をぼかしたことにある。メンデル・モルガン遺伝学が、遺伝子の独立性、相対的不変性および遺伝子と形質の一対一の対応を主張し、ルィセンコがこれらの性質を真正面から否定する以上、「両説はこの点に決定的な対立点をもつ氷炭相容れぬものと私は現在、解するようになった」と飯島は述懐している。第二に、一九四九年の論文でその存在を否定した栄養雑種を、こんどはかれは認めた。この点での飯島の変化は、グルシチェンコによる広汎な研究の成果が効いている。前節の「ルィセンコ学説の発展」の項であらまし述べたように、グルシチェンコの実験は厳密なもので、対照実験も行われているし、材料の遺伝的純粋性も吟味されている。染色体変異の細胞学的研究も、成分化学的、酵素化学的分析もなされている。ウィンクラーのような先行者の追試も忘れられていない。かくて「グルシチェンコの実験データに照らして、私は前論文で全く否定した〝栄養雑種〟が少なくとも彼の場合には、たしかに存在するのを認めてゆこうと思う」と飯島はその態度を表明した。第三に、かれは「有性的過程においてはもちろん、染色体をつうじて遺伝的形質が遺伝されるのである。染色体はみとめるが、〝染色体理論〟はみとめない」というルィセンコの言葉を引用して、ルィセンコは染色体の重要性を否定していると説いた前論文の意見は誤解にもとづくものだった、と反省した。

飯島はそのあとで、日本におけるルィセンコ論争にふれ、井尻の高踏的態度をたしなめ、とにかくこの「大問題をそう性急に片附けられてはたまらない。……むしろゆっくりとこの国でもデータを広く参照して、科学者らしく慎重に取りくむことを私は主張する」と結んでいる。これは、当時としては得がたい良識の声であった。しかしこの声も、ふきつのる「階級闘争」の嵐の咆哮にかき消されて、ほとんど誰の注意もひかず、したがって警告としての有効性を発揮することができなかった。

むすび

政治と生物学

前章の結論で、ルィセンコ登場の積極的意義を日本で定着させるためには、わが国のルィセンコ派がその実現に責任を負うべき二つの条件が必要であった、と私は指摘した。そのひとつは、ルィセンコ学説を日本で創造的に発展させることであった。この点については、同じところで詳しく論じた。あとひとつは、ルィセンコ学説の検討に政治的、イデオロギー的要因を混入させないように配慮すべきことであった。そして、ルィセンコ学説が紹介されはじめた頃には、正統遺伝学者たちの反応から見て、このような配慮がむくいられる素地があったと指摘した。では結果はどうであったろうか。ソ連の一九四八年論争とそれにつづく正統遺伝学者の要職からの追放が報道され、しかもこれらの事実が、世界的な冷戦のまっただなかで、反共宣伝にみごとに利用されたため、わが国の正統遺伝学者の態度は急速に硬化しつつあった。その様子は、この章であげた多くの論説から確実にみとめることができよう。

この状況で、日本におけるルィセンコ支持者がとるべき態度は、石井友幸、高梨洋一のように、メンデル・モルガン派こそ政治的だと決めつけることにあったのでは決してない。また八杉竜一のように、この問題に関する態度の表明を回避することにあったのでもない。なによりも、生物学上の業績の評価と区別して、ルィセンコ一派またはそのあとおしをしたソ連政府、ソ連共産党の科学行政に対して、はっきりした批判をうちだすことにあったのだ。そうすることによってはじめて、ルィセンコの生物学的業績と理論が、政治的、イデオロギー的要因と別に、自然科学的に検討される条件がととのうはずだったのである。

さて、はじめにあげた二つの条件が二つながら満たされなかったことは、第一章で述べた戦前日本の自然科学者が身につけたマルクス主義の特徴――方法論偏重とソ連の事業の絶対視――から言って、かなり宿命的な結果でもあった。またそれとともに、自然科学の社会的性格に関する理解の不足が、ソ連の科学行政に対するかれらの批判をにぶくしたことも、八杉、石井らの論調からうかがえよう。そこでこの問題について少しふれておきたい。

生物学の階級性

自然科学には階級的な性質がそなわっているという考えは、戦前からマルクス主義者の間では、ほとんど疑いをさしはさむ余地のない定説として普及していた。この事情は、ルィセンコの二つの生物学論が日本の進歩的科学者の間に容易に浸透してゆく素地をつくったと言うことができる。しかし、ルィセンコ論争たけなわな時期に、ただひとり自然科学の階級性否定論者として活躍していた原光雄が指摘しているように、自然科学の理論内容の階級性とその社会的機能の階級性をこみにして階級性が論じられていたため、社会的機能の階級性の事実から、理論内容の階級性をふくめた全体としての「自然科学の階級性」が自明であるかのような雰囲気がかもしだされていた。

けれども、ルィセンコ論争の場合は、生物学の理論内容の対立が階級性を帯びている、と主張されていたのであるから、階級性論争にとっても、ひとつの試金石的な意味をもってよいはずであった。生物学に限らず、自然科学において、ある学説のまだ実証されていない部分には、研究者の世界観が多分に入りこむことは、ルィセンコ支持者だけでなく木原均のような反対者も明言している。しかし問題は、そのような部分における対立の解決が、どのような手段によってなされるべきか、ということにある。もし対立が、階級闘争の一環としてのイデオロギー闘争によって解決されるべきであるとするなら、たしかに自然科学の理論内容に階級性があると規定することが有効であろうし、ルィセンコおよびその支持者たちの大多数、日本では、石井、高梨、星野芳郎、中井哲三、藤井敏などの意見が正しいことになる。

しかしこのような思想は、第一に社会の上部構造としての自然科学の特性の誤解に、第二に資本と自然科学との結びつきを過小評価する誤りにつながり、さらに第三に、自然科学の発展における世界観＝方法論の役割を過大視し、これとうらはらに実験の役割を過小にみる誤りと接している。

第一の点について言うと、自然科学は生産関係の状態の反映ではなく、生産力の状態の反映であって、ここでイデオロギーと峻別されるべきである。次に第二の点であるが、資本主義が腐敗と停滞の傾向をあらわにしはじめた帝国主義段階、とくに一般的危機の条件においては、資本主義社会の生産は絶対的に停滞するという理論が、当時は一般に行われていた。このような理解から、現在では資本は自然科学に興味を失っているという説がみちびきだされる。この停滞理論が事実に合わないことは、現在ではだれも否定することができない。資本はその利潤追求のため、それ自体生産活動の特殊な変型である実験にもとづいて、生産の知識を獲得する必要にせまられているのであり、したがって資本主義社会においては、実験に基礎をおいた研究の発展が保証されている。第三の点に関しては、世界観＝方法論は、研究の発展を方向づけ、促進し、遅滞させる要因のひとつであるにすぎない。他の物質的、精神的諸条件、たとえば研究費の多寡、研究体制の良否、創造的エネルギーの強弱などが、研究の進歩にいっそう決定的な役割を果たしていることは、これまた現在の世界の科学界を見わたした場合、だれも否定することができない事実であろう。いわんや、研究者の世界観によって、自動的に研究成果の真偽が定まるなどという事情は絶対にありえない。

以上いくつかの方面からの問題の解明を一口で言うと、マルクスの言葉を逆用して「自然科学では顕微鏡や試薬が社会科学における抽象力のかわりをする」、もっと一般的に表現して、実験という特別の実証手段が確立されているため、哲学的方法よりも実験が、研究をすすめる上で主軸となる、ということになる。したがって、学説の対立の解決にイデオロギー闘争をもちこむことは、無意味であるばかりか、しばしば研究に害悪をもたらすことにもなる。

八杉ひとり、ルィセンコ支持者としては例外的に、自然科学では「学者の社会的立場とは無関係に客観的真理の反映はありうる」と、一九五〇年にいたってはじめて認めたのであるが、この問題に関するより深い追究は行われなかったし、またこのような主張を最後まで活かして、ルィセンコ派の階級闘争主義を是正することもできなかったことは、すでに示したとおりである。また八杉と逆に、はじめルィセンコの論争態度に批判的であった山田坂仁は、階級性肯定論者として原と論争した人でもあり、かれのこの面での理論的弱点が、のち容易にルィセンコ派に屈服せざるをえなくなった原因の一部になっていると思われる。

遺伝学は二つあったか

ルィセンコ派および中間派がメンデル・モルガン遺伝学を批評する際、批判の重要な論拠のひとつに、メンデル・モルガン遺伝学によっては、生物の諸性質が発生過程で後成的にあらわれる経過をつかまえることができない、という点があった。しかし、遺伝子型の表現において環境の作用が無視できないことは、正統派の間でも次第に常識になってきつつあったし、その上、分子遺伝学、発生遺伝学はこの過程の把握に向かって前進しつつある。

そこで問題になるのは、このような遺伝学の進歩、とくに分子遺伝学の展開は、メンデリズムの線上でなされてきたかどうか、ということである。まず、メンデル・モルガン主義とは何をさしているかを考えなおし、これを糸口にして議論をすすめよう。メンデルまたはモルガン個人の見解の固定化、あるいは遺伝粒子と形質とのぬきさしならぬ一対一の対応関係の固執をそうよぶのであるとしたら、分子遺伝学はメンデル・モルガン遺伝学の外にある。

一九五〇年ごろ、分子遺伝学への道がどこまで進んでいたかを考えてみよう。まず第一に、ビードルら（一九三六年以後）は、遺伝子は酵素の活性を支配し、それによって生物の性質を決めてゆくことを、明らかにした。第二に、アベリーら（一九四四）は、細菌の形質転換がＤＮＡによることを突きとめていた。第三にカスパーソン（一九三六年以後）は、細胞化学的知見をもとにして、核酸→蛋白質の方向に、合成の道筋をひくという先駆的成果をあげていた。第四にボアバンら（一九四八、四九）は、核にふくまれているＤＮＡ含量が種に特異的に決まっていて一定であることを見いだした。このような成果にてらして考えると、他の細胞要素から隔絶した、コロコロした粒子のような遺伝子のイメージは、遺伝学の進歩にともないとけ去りつつあったことがわかる。揺籃時代の分子遺伝学がその意味ですでに、いわゆる粒子遺伝学の外にあったとしても、科学はたえず進歩をつづけているのだから、別に異常ではない。

ほんとうの問題はおそらく次の点にある。ルィセンコ学説に対立する正統遺伝学がブルジョア遺伝学だとする立場に立つと、どうしても、これをイデオロギー的に爆破壊滅させて、その廃虚の上に、真実の遺伝学を築くという思想しかでてこない。つまり、この爆破なしに、遺伝学の進歩の展望が切りひらかれうるかどうか、が問題になる。もしルィセンコ派によって想定された爆破の対象を、メンデル・モルガニズムとよぶのであるなら、正答は明瞭である。現代の分子遺伝学は、いわゆる正統遺伝学とのイデオロギー闘争なしに、その遺産を受けついでいる、と言う限りにおいて、メンデル・モルガニズムの嫡流である。そうしてみると、飯島のように、ルィセンコ派のなかでも、もっとも穏やかな評価をメンデル・モルガン説にあたえた人でさえ、「両説は……氷炭あいいれぬもの」と力みすぎた姿勢を示さざるをえなかった状態が、健康であったかどうかは、自ら明らかであろう。

中間派の脱落

中間派の主張は、遺伝子と形質が一対一の動かしがたい対応関係にあるのではなく、細胞質および外部の環境によって遺伝子の働きが大いに左右されるとする点にあった。ルィセンコ派もまた同じ論拠を主張にとりいれ、中間派の意見をしばしば援用した。しかし、この水準でのメンデル・モルガン遺伝学批判は、すでに時期はずれのものになりつつあったことは、先刻論じたとおりである。もうひとつ中間派とルィセンコ派に共通な批判点は、メンデル・モルガン遺伝学は、生殖細胞を体細胞から隔絶せしめて、不変なものだとみなしている、という点にあったが、生殖細胞の表現もまた、外的環境や体細胞の働きによって変わることは正統遺伝学にとってもほぼまちがいない。一例をあげると、下等脊椎動物では、性ホルモンの投与によって性転換が可能である。ウィチ（一九三九）は、遺伝的にはオスの動物も、未成熟期には、精細胞の原基のほか、抑制されてはいるが卵細胞の原基も存在し、雌性ホルモンは、この抑制を解放して雌性化をもたらす、と考えている。しかし、山本時男（一九五三）が行ったメダカのりする。山本は、まったくメンデル・モルガン正統の立場にある人である。

こうなると、ルィセンコ派と中間派の多数との統一戦線は分断されてしまうし、中間派的な論拠によってルィセンコ説を裏付けることも不可能になってしまう。なぜなら、中間派の多くは、遺伝子の存在とその重要性を否定しないし、獲得形質遺伝の可否については明言しないからである。すでに述べた政治的原因以外に、ここにも中間派離反の動機があった。とくに、生物学の第一線で活躍しつつある人たちには、この要因が無視できなかったと想像される。

一方、むきになって中間派を攻撃した一部の正統遺伝学者も、その不勉強ぶり、視野のせまさを暴露したことになる。正統には属するが、遺伝学の進歩から取り残されつつあった部分の間に、多くの疾病や才能をなにがなんでも遺伝のしわざに帰するような見解が根強く残っていたことは、当時の雑誌『遺伝』の記事に、優秀家系や遺伝病、民族優生学といったたぐいの話がきわめて多かったことからもわかる。たとえば『遺伝』一九四八年九月号の座談会「社会と遺伝」では、「教育万能論」に対する風当りが強く、松村清二は「それはルィセンコだ。(ロシヤで)ルィセンコがはやった理由には、一つはそういうのがあるのではありませんか」と言っている。しかもこのような傾向は、戦時中は、民族の遺伝的強化というイデオロギーと結びつき、戦後においてさえ巷間では相当ひろく流布されて、極貧層の存在の正当化に利用されてきた。正統派はこの点を考慮にいれて、中間派や木田文夫が正統遺伝学の成果を理解していない、と息巻くのではなく、もっと冷静な態度をとるべきだった。

いずれにしろ、この時はすでに、両方を公平に見わたして、それぞれの提出したデータを冷静に検討することは至難だった。また、両者が生んだ成果、たとえば栄養雑種と形質転換を統一した理論をうちたてるべき生物学的な機はまだ熟していなかった。したがって中間派、とくに総合派の立場の有効性の検証は、将来にまでもちこされることになる。

第四章　進化論をめぐって

進化論とメンデリズム批判

ルィセンコ派の創造活動

一九五〇年ごろになってようやく、ルィセンコ派は単なる紹介作業の段階を終えて、創造活動で成果を示しはじめた。成果は三つの場であげられた。第一は、進化論と生物学史における業績である。両者を一緒にしたのは、どちらも生物学のなかで方法論の意義が非常に大きい分科だからであり、かつまた、この時期までルィセンコ派の主柱であった八杉竜一が、進化論と生物学史の専門家であるからでもある。第二は、栄養雑種その他のミチューリン・ルィセンコ生物学の追試成果である。第三は、ミチューリン運動として日本の農民のなかで生みだされた技術上の成果である。しかし、このうち第二の場での成果は貧弱であり、皮肉なことに初期においては、栄養雑種の証拠はルィセンコ派以外のところであらわれた。おまけに、なされた実験の多くは文字どおり追試の域をでず、本格的な創造活動とは言いがたかった。第二、第三の点については次章で論じることにし、この章では、第一の方面での業績を中心に、これと関連した論争を紹介してゆくことにしよう。

生物学史の立場から

この頃まで八杉は、ルィセンコ紹介につとめる一方、進化論史に関する研究成果を次々に公にしつつあった。『ダーウィン・種の起源』(一九四七)、『ダーウィニズムの諸問題』(一九四八)、『生物学の方向』(一九四八)に収録された諸論文、『ラマルキズムとダーウィニズム』(一九四九)、『進化と創造』(一九四九)、『ダーウィンの生涯』(一九五〇)、『生物学』(一九五〇)などを経て、それらの研究は『近代進化思想史』(一九五〇)に集約される。この著書の「むすび」はルィセンコ学説の評価を中心として書かれている。

さて、生物学史家または生物学方法論の研究者としての八杉に求められたことは、ルィセンコ論争に関して提出されたふたつの問題——生産と科学との関係、研究における方法と世界観の役割に創造的にとりくむことであった。

このうち前者については、八杉は、ダーウィン時代のイギリスとルィセンコの時代のソ連において、科学と生産的実践との結合が強固であった、と主張している。理論の検証に際し実験と生産的実践がそれぞれどのような力をもっているか、という基本的な論点に関連して「実験論」が問題になるはずである。その意味で、「実験論は現在の科学論において意外になおざりにされているように思われるが、とくに生物学においては未解決な問題が多い」という八杉の発言は注目に値する。ただし、かれ自身の実験論は述べられていない。

第二の点については、八杉は、多くの生物学者について、研究に世界観と方法が大きな影響をおよぼすことを説明しており、現在の遺伝学者の大多数が、突然変異だけで進化が説明されるという見解に固執していることもそのことに関係しているであろう、と言っている。とくに八杉が、メンデル・モルガン派のあやまりの方法論的な基礎として、機械論を摘発してきたいきさつから言って、かれが機械論をどのように評価しているかを一瞥する必要があろう。

かれは、機械論的生命観と機械論的方法を区別しなければならないと指摘しながらも、生物学者が機械論的方法を用いると次の傾向をみちびきやすい、と警告する。すなわち、⑴生命現象に物理学および化学の法則が単純にあてはめられて、現象の理解が一面的になる。⑵物理学および化学の方法を適用できる方向にのみ研究が進められる。⑶物理学および化学の特に最近の達成による方法を適用することが、生物学の近代化の唯一の道であると考えられ、それ以外の方法の価値に対する認識がおろそかになる。⑷現象の孤立した理解ならびに生物学各分科の無関連の発達にみちびく。

以上のような機械論に対する批判は、石井友幸など唯研派の論客が戦前に示した思想を、戦後の状況で活かしたもので、本質的に新しいものだとは言えないだろう。しかも、ルィセンコ遺伝学の優越性が形態からの脱出にあると評価した八杉の意見が、物理・化学主義批判とどのようにからみあっているかが明らかでないことは、第二章ですでに指摘した。以上『近代進化思想史』からの引用を軸として記述したが、この本は、全体として言えば、問題意識のするどさにおいても独創性においても、一流の作品であった。しかし、科学史の労作にとりくむことを通じて、エンゲルス以来の生命現象の弁証法を、八杉が大いに前進させたとは言えない。

この時期にあとひとつ稀少価値のある生物学史書がでた。沼田真・斎藤一雄の『生物学史』がそれである。稀少価値があると言うのは、それ以後現在にいたるまで、わが国ではこのような一貫した生物学通史の本がでていないからである。この『生物学史』においても、メンデル・モルガン遺伝学は「要素主義」「機械論」としてしりぞけられ、これを克服するものとしてルィセンコ学説が位置づけられている。その他の科学史書、啓蒙書を見ても、両派の対立においてルィセンコが最終的に正しいと決まったように書かれているものが多い。アカデミズムに拠って教科書や参考書を書く人が、正統の枠をはずれずにルィセンコ学説を無視あるいは敵視したのとよい対照である。よかれあしかれ科学の啓蒙家や科学史家は、職業がら千島喜久男の言う「理論家型」の人が多く、またアカデミズムの外にあってこれに反発する人が多かったため、このような結果になったのであろう。

突然変異をめぐる攻防

八杉は『近代進化思想史』でも、随所でメンデル・モルガン流遺伝学の偏向についてふれているが、『進化と創造』では、進化要因論としての突然変異説批判を、次のように箇条書きにしてまとめている。(1)遺伝子突然変異は生活にとって重要な性質に関係していない。(2)突然変異は一般には生活力を低下させるから、生物にとって不利である。(3)人為的に突然変異をひきおこす手段は、生物の正常生活と無関係である。(4)突然変異には方向性がない。(5)進化の主要因となるには頻度が低い。

八杉のこの著書の出版とほぼ時を同じくして、育種学者の岡英人が正統派の立場から、進化の機構について所説を発表している(『生物科学』一九四九年第三号)。岡は八杉が指摘した難点のうち主なもの、つまり、突然変異型では生活力が劣っており、しかも突然変異の頻度が低い事実を率直にみとめる。しかしかれは、イーストがその存在を提唱している小突然変異はこれらの難点からまぬがれていると考え、「進化的変化が、このような小突然変異の集積の結果であることは恐らく間違いなかろう」と主張した。

つづいて徳田御稔が立った。かれの戦前における活動については、第一章で述べた通りである。徳田

第4表　徳田御稔の進化論の要約

進化の大きさ	進化の相	変異が生じる発生段階	環境の条件	種内生存競争
躍進的	一般化	胚	開放的	ゆるやか
漸進的	特殊化	成体	閉鎖的	はげしい

は、戦後もいちはやく『生物進化論』を著して話題をなげかけたが、そののち二年の雌伏期をへて、メンデル・モルガン進化学批判を再開した（『生物科学』一九五〇年第二号）。まず、上述の岡論文を批判する形で次のように論じている。(1)岡は〝進化における突然変異の役割についての問題は実験によって証明できるから、弁証法によって解決する必要はない〞と述べているが、「進化過程における真の質的発展の段階の理解のためには、どうしても弁証法による思弁が必要になってくる。」弁証法的な思弁を拒否すれば機械論におちいり、進化を遺伝子突然変異の累積によって説明せざるをえなくなる。(2)岡は、普通の突然変異で進化を説明できないこと、小突然変異こそが進化の素材になることをみとめたが、「この小変異をなぜ小突然変異と呼ばねばならないかは、一向明らかにされていないのであり、メンデル・モルガン式の遺伝学の体系からすればこの小変異は小突然変異でなければならない、というだけのことであって、この辺に問題の考え方の選択ができるようである。」小変異のなかには、環境に適応しようとしている個体変異がふくまれているはずであり、「この種の変異は、生命体の全体的な性格と直結したところの変異であり、従って分析的研究の不可能なるもっとも本質的なる変異であるということができる。」

以上のように徳田は主張し、「この意味においてルィセンコ的な遺伝の考え方が成立つ根拠がある」と、かれとしてははじめて、ルィセンコに好意的な態度を明らかにした。

そののち徳田は一九五一年に、岩波全書の一冊として『進化論』を著した。これは戦前以来戦後一九五〇年にいたるまでのかれの諸著書・論文の集大成であり、それが体系化されたものである。したがってこの本は、ルィセンコの影響を受けていないとは言えないが、ルィセンコを知る前からの徳田の一貫した見解を示している。ここには、生物学各分科、細胞学・遺伝学・発生学・生態学・生物地理学・系統学などの豊富な知見がもられており、第4表に示すようなひとつの理論体系が構築され、密度の高い叙述とあいまって、この本は日本が生んだ優れた生物学書のひとつになっている。メンデル・モルガン式進化論のあやまりは、この表の下段の場合を普遍化したところにあり、しかもその方が進化における重要性が少ないから、かれらの誤りは決定的になっていると徳田は考えている。また、このようなメンデル・モルガン進化論で進化要因として採用されている遺伝子突然変異説、およびそれと不可分の「粒子遺伝学」が、ともに手きびしく批判されているが、その要旨は岡批判論文と変わらない。なおルィセンコについては、その発育段階説をとりいれているが、遺伝学説についてはふれておらず、「私には彼の学説がまだ十分には理解されていないので、特に触れないでおいた。……私はルィセンコから既にいくらかは学んだが、更に多くのことを学びたいと思っている」と述べている。

八杉や徳田の批判に対するメンデル・モルガン派からの反批判は、系統だってはでていない。かれらの諸著のなかに散発的に見られる程度である。たとえば、「政治の季節」における生物学的および思想的体験から、中間派的態度を一擲（いってき）した吉川秀男（ネオメンデル会編『現代遺伝学説』一九四九）は、「現在の遺伝学者が生物体に殆んど関係のない形質ばかりを対象にしていると非難する一部の人々」は、昆虫の色素やアカパンカビの栄養要求の突然変異の「研究を眺める時、深い慚愧の念をいだかずにはおられないだろう」と皮肉っているし、松村清二（ネオメンデル会編『現代遺伝学説』一九四九）は、「遺伝子突然変異は、劣等な形質や畸形などが多い」という批判は、「われわれが利用している作物や家畜の優良品種もやはり突然変異体である」から当たっていない、と反論している。駒井卓（『生物科学』一九五一年第四号）も、「正常形質の遺伝についてある程度の見当をつけることができたのは、これら異常形質についての知識が蓄えられたからである」と別の面から突然変異説を弁護するかたわら、徳田の『進化論』に論評を加え、徳田の遺伝学に関する記述は正確でなく「同君の身心とも健全にしてふたたび以前のネズミ類の分類と分布のような堅実周到な研究をされることを心より祈る」と、「無責任な通俗書」を書くほどまで「不健全」になったかつての門下生・徳田を責めたてた。

学界と俗界

なお、生物学固有の問題から離れるが、駒井は次のような注目すべき発言を行っている。生物学者が自分の見解を通俗書として公にする場合は「批判力の乏しい初学者や読書人を誤る心配があるから」もし学界の定説とちがうことを考えているなら、まず「論文に発表して専門家の批判をきくがよい。またそれが相当重大な問題なら、日本の学界だけでなく世界の学界に問うべきである。そうした上で誤りがないとなって、はじめて通俗書を書いたり、教壇で初学者に講義したりするのが順序だと思う。」このような原則にてらして、駒井は徳田の態度が軽率だと非難するのである。

本章の終わりにおいて再論するように、この批判には重要な問題点がひそんでいる。第一に科学の進歩とくにこれに関連して定説というものの考え方、第二に科学の普及の意義、第三に学説の成立と挫折のなかで専門家と素人がはたす役割の動力学、第四に実証と独創の関係。すくなくとも以上の諸点を駒井の議論からひきだすことができる。

一方、駒井の意見と逆の見解を、ルィセンコを支持した人たちの考え方のなかに、見ることができる。八杉（『生物科学』一九五一年第四号）は、第一の点について、日本の研究者は外国のもっとも有力な学説を「定説」として、これに順応する傾向が強かったといましめ、「いわゆる一流の学者たちのあいだにみとめられているものであれば、それはたしかな検討をへたあぶなげないものであるという見かたも、いちおうはなりたつかもしれない。……しかし……だれの目にもたしかであるようにおもわれるところに、意外な変革の要素があり、この変革を、あえてこころみることによって、科学に躍進の動機があたえられる」のだ、と強調した。

その正否は別として、駒井のような正統的な考えに対する反発、とくに専門外の者を科学の評価のなわばりからはじきだそうとする態度に対する反発が、のちにミチューリン運動をささえるひとつの支点となった。

「進化論」批判と反批判

駒井のほか何人かの人が、徳田の『進化論』を論評した（『生物科学』一九五一年第四号）。そのうち渋谷寿夫（かずお）、八杉、井尻正二は、基本的には徳田の主張を支持しながらも、いくつかの批判点をあげている。そこに共通しているのは、ルィセンコ的見解にとりくむ態度が徳田には弱いという批判である。

進化が長大な時間を費して行われる現象であるため、実験的方法の力に限界があり合理的思弁にたよる必要があるという徳田の主張をとらえて、渋谷は、「この主張は消極的なものにとどまってはならない。この長大な時間の制約をなんとかしてやぶる努力がたいせつである。そしてその努力の一部は、すでに人類の産業的実践すなわちこの場合には動物の飼育や植物の栽培によってなされているのではないか」と批判し、暗にルィセンコ一派の業績をほのめかしている。

八杉は、徳田が獲得形質の遺伝の問題を正面からとりあげていないことを不満として、徳田の不徹底さを突いた。

井尻は、自然選択説・粒子遺伝学批判は、ルィセンコの学説と比較対照してやらないと不完全になると論じ、さらに、ミチューリン・ルィセンコ学説とモルガン学説は決して総合できない対立するものであるのに、この点で徳田の態度があいまいであるため、学生や一般知識人に両説の宥和の期待をあたえる、と恐れている。

徳田は、一九五二年の『生物科学』誌上でこれらの批判にくわしく答えた。駒井に対しては、その批判が善意にもとづくものであるとみとめつつも、「進化論の〝思想的、創造的、実践的意味〟を明らかにしながら現在の問題にとりついたならば、私がこのような定式的でない本をなぜ公にするかの意図は自ら明らかとなる」とみずからの態度の正しさを確認した。渋谷・井尻・八杉の批判に対しては、『進化論』では「ルィセンコ説をさけたような印象をあたえ、まったくふがいないものであったことを陳謝したい。……私は、この著書をかいた時よりも、いまはもっとルィセンコ説を理解する立場にたっている」と弁解している。かくて徳田は、この一九五二年を転機として、人の目をみはらせた大転回をなしとげることになる。

獲得形質の遺伝

田中論文とその波紋

一九五〇年に共立出版社から『現代生物学』シリーズの第四集として、『進化』がだされた。この本は、八杉竜一、田中義麿、森脇大五郎、佐藤重平の分担執筆の形をとったものであるが、主力になっているのは田中で、「後天性の諸問題」・「適応」・「直進」の三章を受けもっている。「後天性の諸問題」では、ルイセンコをはじめ数多くの獲得形質遺伝肯定論者の実証例をあげ、そのすべてが吟味にたえないとしている。ルイセンコ説に関する論旨は、以前の田中の論文と内容において大差ない。けれどもかれは、一時変異、継続変異、突然変異の区別が実験的にはっきりしないことを確認し、「かくして焦点はついに継続変異に集中する。」そして今後の課題は、獲得形質の遺伝と「継続変異や突然変異の関係を分析追究することによって、遺伝子の本質、作用、これと細胞質との関係を明らかにする」ことにある、と指示した。なお田中は、継続変異のなかに、後で詳述する微生物の薬剤耐性の変異も含めている。

この田中論文を、飯島衛と徳田御稔（いずれも『生物科学』一九五一年第四号）が批評した。飯島は、田中が「突然変異と継続変異の関係に鍵があると云い切ったのは」かれにおいて「無意識に方法と歴史とが把えられようとしたのではあるまいか」と推測し、八杉ら生物学史家が田中よりも問題を突き進めているのは「方法と歴史」の重要性をはっきりと意識しているからだと主張する。

飯島が、田中の見解の一半、つまり獲得形質遺伝の可能性を完全には否定し去っていない点をとりあげたのと逆に、徳田は他の一半、つまり今まで獲得形質遺伝の実証とされてきた例を否認する態度を組上にのせ、きわめてからい点数をつけている。いわく。田中のように、メンデル遺伝学の「体系の中で、学問を押し通してきたものは、その体系の基盤までふりかえって反省してみる立場には、なかなかなれぬものらしい。」

千島喜久男の登場

千島喜久男は、戦前からの獲得形質遺伝肯定論者であり、赤血球から体の各組織が分化構成されるという、奇抜な見解を主張してきた人でもある。かれは、一九五〇、五一年の『生物科学』に「獲得性遺伝の諸問題」と題する論文をのせ、次のように論じている。

今までになされた獲得形質遺伝の証明実験にはふたつの難点があった。ひとつは「比較的高等な生物において、ながい系統発生を通じて強い安定性をえた形質」を対象としている点であり、あとひとつは、「比較的短年月のあいだに実験室的環境下で変化させ、それが遺伝することを実証しようとした」点である。これを改善するためには「原生動物や下等微生物」を材料として使用すべきであり、また「理論的検討が一層重要な役割を演ずる」はずである。今まで日本では、肯定論が注目をひかなかったのは「わが国の過去の学界が実験を尊重するのあまり、ややもすれば理論的検討を軽視」したためであり、実は「肯定論者は実験に負けて理論に勝っている」のだ。

微生物の遺伝

千島は、獲得形質の遺伝を実証するためには微生物を材料とすべきである、と提案したが、ここで微生物遺伝の当時の問題点の一部を概観しておこう。

第二次世界大戦前後から抗生物質の開発と応用が本格的になるにつれて、細菌にこれらの薬剤を接触させると、やがて抵抗性をもつものがあらわれる事実が明らかになってきた。また、元来親株が利用できないような栄養をふくむ培地に細菌を植えると、まもなくこの栄養を利用する変異があらわれることも、知られていた。これらの変異は適応的であり、また少なくとも同じ条件のもとでは、後代においても維持される。しかしこの結果を説明するしくみは三通り考えられる。第一に、方向性をもった適応的な遺伝性の変化が、個体のレベルで実現する可能性、すなわち「獲得形質の遺伝」の可能性、第二に、個体のレベルで遺伝的な変化がおきているが、これはそのままでは無方向的なもので、この変化が選択とくみあわされて、集団のレベルではじめて方向性をもった適応があらわれる可能性、第三に、個体のレベルでの変化は遺伝的なものではなく、生理的な変異にすぎないが、培地が変わらない限り新しい性質も維持されるという可能性。これらのいずれによって微生物の変異が行われるかという問題に焦点が当てられ、一九四〇年代から一九五〇年代前半にかけて、つまりこのルイセンコ論争が日本ではなばなしく展開されていた時期に、およその見当として、薬剤耐性の獲得は第二のケース、栄養要求の変化は第二または第三のケースであることが明らかになってきた。

さて、話を日本にもどすと、このような微生物の変異と遺伝が、一部の論者から、ルィセンコ説の有力な支柱だと主張されはじめた。たとえば、柳島直彦は（『生物科学』一九五一年第四号）、微生物においては、遺伝子系内での連続的な適応的変異と、遺伝子系の変化をともなう非連続的な突然変異とを絶対的に区別すべきではないと主張する。すなわち、薬剤につけておいた細菌は、適応的な生理的変異の限界に達すると、遺伝的な変異を生じるという仮説を提唱した。微生物の変異の正しい理解には、生物の歴史性の考慮が必要であるが、「こうした反省の欠如は、現代生理学の一つの弱点」である、という柳島の思想がこの仮説の背景になっている。

柳島はルィセンコの名はあげなかったが、ルィセンコの名をあげて、微生物の適応的変異の解釈における自説の裏づけとしたのは、おそらく北大の植物生化学者宇佐美正一郎がはじめてであろう。かれは徳田編『現代の進化論』（一九五三）所収の論文で「代謝型が形態学者や遺伝学者が想像しているよりも、遥かに変動しやすい」事実を、栄養要求や薬剤耐性の変異を例にとって説明し、「微生物では、ある酵素能を変化させた環境が継続すれば、変化した代謝型をもつ生物が累代生ずる」ので「代謝生理学の研究者たちが従来の遺伝学説に対して批判的になるのもやむをえない」と述べて、正統遺伝学に対する不信を明らかにした。宇佐美は、また柳島と異口同音に、「進化の概念を導入することによって、……生化学においても歴史的なものの考え方が強調されなければならない時期に達している」と、生物学研究における歴史的方法の重要性を主張した。かくて進化論に、生物学諸分科の王としての地位をあたえ、「進化学を中心とした生物学各部門の、このような相互関連によって、はじめて物質代謝と生命の本質も理解され」るようになろうとかれは予言する。

ルィセンコ派の外の現代生物学から生まれて、しかもルィセンコ説に左袒（さたん）するものであるかのように一時は見えたこの微生物の遺伝は、そののちも両派の間の重大な係争点となった。一九五四年の『遺伝』では竹中要と吉川秀男が、一九五六年の『科学』では吉川が、いずれも、微生物の薬剤耐性は獲得形質遺伝の例にはならないと力説した。とくに吉川の論調は、かれおよびかれのグループの研究にもとづくものであるだけに、千鈞（せんきん）の重みをもっていた。（第六章で再論する）

一方、ルィセンコ派では、松浦一（『自然』一九五五年一〇月号）が宇佐美の見解を支持し、「今やこの種の実験は多くの人によって数多く累積され、獲得形質遺伝のきめ手を提供しつつある」と自派にとって楽観的見通しを述べた。しかし、この問題に関するルィセンコ派の主張は、実証を通じて示された前述のような正統派的見解をうちやぶるには、論拠薄弱であったと言うほかない。

進化論と方法論

獲得形質の遺伝をめぐる論争において、千島と飯島は、この問題で正しい立場に立つためには、理論的あるいは方法論的な把握が重要であると強調した。また、柳島と宇佐美は、微生物の変異と遺伝を正しく理解するために、生物の歴史性の認識が不可欠であると考えた。このように、ルィセンコ説支持者を中心とする民科生物部会の人たちは、正しい方法論、とくに進化論＝歴史的認識が生物学研究の方法として有効であるべきだ、という信念を強くもっていた。

たとえば、民科生物部会きっての哲学者である飯島（『生物科学』一九五〇年第四号）は、生物学では「物理学の場合のように過去を抹殺する手法を用いること」ができず、したがって「一言で申せば、生物学における仮説の特長は、つねに〝進化論〟を前提とするというにつき」る、と断定する。また、「生物学に特有な方法というのは、一言にしていえば、歴史的方法のことである」（碓井益雄他編『生物科学辞典』一九五六）という表現を、飯島の文章からとりだすこともできる。

八杉もまた「進化論が……生物学の方法論の根本をなすものである」と主張し、「進化論が生物学の方法論としてはたして有効性をあらわしているかどうかについて反省をおこたらぬようにしなければならない」（『生物科学』一九五一年第四号）と説いた。ただし、進化論的方法＝歴史的方法だけでは十分でなく「生物学は歴史的方法と実験的方法とを総合して適用することによって、現象の完全な理解に到達できる」（『近代進化思想史』一九五〇）とも言っている。

以上のような生物学畑の人たちの主張に対して異議を表明したのは、化学出身の哲学者田辺振太郎（『生物科学』一九五一年第三号）である。かれは「〝進化論〟を前提とするということが、生物学における仮説、また理論の特質を十分に規定し得ているかどうかの点に疑問を覚えた。」なぜなら、「進化は生物現象においてみられる著しい事実ではあるが、しかも星の世界にも、人間の社会にも進化はあるのであって……これだけでは、生物現象を特質づける規定としては明らかにまだ不十分である。」そこで田辺は、「原形質の物質代謝の型が、代謝そのものの生化学反応と個体発生および系統発生、なる格段にテンポの異なる三つの階層的に異なる発展の形態の組み合わされたものとして変遷している事実の中に」生命現象の特質を求め、しかも生化学的過程が「生物的運動形態の特殊性をもたらすもっとも根源的なものである」と見ている。生物学には門外漢であるはずの田辺が、むしろ正鵠を得た見解を示していることは興味深い。

レペシンスカヤの細胞新生説

レペシンスカヤ母娘の実験

赤血球の細胞質から核が生じるという千島喜久男の主張が話題になった折も折、ルィセンコ派の本家ソ連から、千島説と関係がありそうな常識やぶりの研究が紹介された。それがレペシンスカヤの細胞新生説である。草野信男が『生物科学』にのせた論文（一九五一）が、紹介のはじまりで、一九五三年には岩崎書店から、東大ソ医研のくわしい翻訳が出版された。ただし実は、戦前、日本で発行されている細胞学の国際誌『キトロギア』にすでに、レペシンスカヤの論文が掲載されたことがあったが、以後一九五〇年代に再輸入されるまで、ほとんど誰の注目もひかなかったというわけである。

O・B・レペシンスカヤは、一九三三年以来の研究により、鳥類、両生類、魚類の胚発生初期において、卵黄球から細胞が生じ、これらの細胞は内胚葉組織、血島、血球細胞になると主張した。また、ヒドラをつぶしてできた非細胞的な原形質の球から、核をもった細胞が生成するという観察も行った。さらにその娘のO・P・レペシンスカヤは、ニワトリの卵白からも細胞が形成される様子を観た。

一方その頃、ルィセンコは、ライムギ、コムギ、オオムギ、カラスムギなどが相互に転化するという大胆な見解を発表し、ふたたび論議の的になっていた。コムギの播性の変化ならまだしも理解できるが、このような属間の転化、つまりA属の体細胞からB属の生殖細胞ができたり、A属の生殖細胞の受精によってB属の体細胞ができるなどということは、常識では考えにくい。そこでルィセンコは、レペシンスカヤの説を援用して、A属の細胞がいったん解体して、あらためてその生きた蛋白質からB属の細胞がつくられるのだ、と考えたのである。

レペシンスカヤの研究は、一九四九年度スターリン賞生物学部第一等を獲得した。それかあらぬか、彼女の著書には、いたるところにスターリンの言葉の引用、スターリンに対する讃嘆の辞がちりばめられている。たとえば「終りにのぞんで、われわれの偉大な教師、あらゆる学者の中でもっとも天才的であり、かつ進歩的な科学の指導者である同志スターリンに、心からの感謝をささげる。かれの教えと、科学についての忠告のすべては、われわれが細胞学における唯物論的法則のために行なった、長い困難なたたかいにおいて、有力な綱領であり、偉大な支持であった」という調子である。ルィセンコが、メンデル・モルガン遺伝学をブルジョア遺伝学とののしったのと全く同じように、レペシンスカヤは、「すべての細胞は細胞から」という有名な言葉を残したフィルヒョウの学説は、観念論的、形而上学的、機械論的、反動的理論だと決めつけている。

こうして、ルィセンコ論争の間口は広がり、ソ連生物学論争という大きな闘争の前線が発生することになった。

民科内部での検討

日本の生物学者で最初にこの説に反応したのは佐藤七郎（『生物科学』一九五一年第四号ほか）である。当時、民科生物部会に属する少壮細胞学者だったかれは、フシナシミドロの遊走子をつぶしてできた原形質塊を蒸溜水中に放置しておくと、そのなかにアメーバ運動をする小塊がいくつかあらわれ、しかも小塊の中心には形態的には核様のものが観えはじめる、という自分の観察が、レペシンスカヤの細胞新生の途中の段階と一致すると主張した。

佐藤以外のレペシンスカヤ説支持者には、すでに述べた千島（『生物科学』一九五二年第一号ほか）と新潟大学医学部の高野喜一（『生物科学』一九五二年第二号ほか）がいる。千島は、赤血球がその分化または退行分化によって、卵黄球または黄色骨髄に転じ、これら非細胞的構成物の再分化により、細胞が再生するという自説を提示し、レペシンスカヤ説を強力に支持した。高野は、ニワトリ胚でレペシンスカヤの実験を追試し、孵卵期六時間ごろからとくに、ヘマトキシリンとメチルグリンで染まりDNAをふくむと思われる卵黄球が観えるようになり、しかもこの染まる部分が時間とともに増大してゆくことを観て、やはりレペシンスカヤ説に賛成している。

民科生物部会には、レペシンスカヤ説に懐疑的な人もいた。飯島衛（『生物科学』一九五一年第四号）、吉松広延（『生物科学』一九五二年第一号）がそうである。飯島は、O・B・レペシンスカヤの観察技術に疑問をもち、観察の記載もルーズであるとしている。O・P・レペシンスカヤの研究にはこのような難点はないが、核蛋白のコロイド質の形態が観られるからといって、細胞が生じたというのは飛躍がありすぎる。「少なくとも、この論文に大切な賞を与えるのは軽率だと感じた」と飯島は感想を述べている。

もうひとりの懐疑派、吉松は、この論争史の第一章において、東大動物学科の学生として出場している。以来二〇年ぶり、今度は山口大学助教授として姿をあらわす。東大卒業後、主にかれがとりくんだのは、オパーリンが生命の始源形態として想定したコアセルベートの研究である。蛋白質の物理化学の長い研究経歴を背景としているために吉松の論評は、きわだった的確さと重厚さを示し、その点でフシナシミドロの手すさび的な観察から、たちまちレペシンスカヤ説にとりついた佐藤の軽率さとは対照的である。吉松によれば、細胞や組織でA、B、C……Xといった変化像が観察された場合、研究者は自分の「希望」にしたがって無反省に、A↓B↓C……↓X、または逆にX↓……C↓B↓Aという連続的変化の方向が実在すると結論をくだしがちである。しかしこのような結論は、AとXのいずれが出発点でありまた最終点であるかが明瞭にわかっており、しかも途中の段階が一直線的に進行するという条件でのみ、正当性をもっているにすぎない。以上のような反省が欠けている点で、レペシンスカヤ説も既成説も方法論的には同じである。たとえば卵黄球から細胞が形成されるというレペシンスカヤ説は、既成説のA↓B↓C……↓Xを単純に裏がえしにしてX↓……C↓B↓Aとしたにすぎないのであって、彼女が観た像は、細胞が退化して細胞的な構造を失ったのか細胞的な構造が新生したのか、どちらとも言えない。ヒドラをすりつぶした原形質塊から核をもった細胞状構造ができるのは、「コロイド溶液からコアセルベート滴が出現し……その中に核酸コアセルベートが入った」ためではないか。佐藤の観察も「原形質の崩壊による退行コアセルベートであるように思われる。」これらのコアセルベートは、細胞に「近いようで実ははなはだ遠い関係であるかもしれない。」今までは、核蛋白→コアセルベート→細胞という単純な系統樹が考えられていたが、実はそうでなくて、核蛋白その他——
　→細胞
　→コアセルベート
という系統が適当のように思われる。そこで「コアセルベートの形成だけではゆきづまりの状態におちいる。」

以上のように、みずからの経験から言っても、方法論的に見てもレペシンスカヤ説はうたがわしい、というのが吉松の意見である。

天野重安の批判

民科外からレペシンスカヤ説を批判した人には、天野重安（『生物科学』一九五二年第三号）がいる。かれによれば、ニワトリ胚盤の増殖によって、中胚葉性の細胞から閉じた原始血管ができ、その内皮細胞から血球ができるのであって、「これは卵黄球が介入する余地のない現象である。……このような現象がレペシンスカヤのように歪曲されるのは、やはり彼女が老人で不器用で、しかも観念的であるため……であろう。実験室に入るときには学説の衣を脱いではいれといったフランスの学者の立場からすれば、卵黄が細胞にならねばならぬと考えてかかっている彼女の態度は、漫画のようにさえみえる。いわんや卵白から細胞を生まそうとする錬金術に夢中になっている姿は、中世紀的な雰囲気さえもつ。……ソ連においても細胞の何たるかを知っている人がこの説に反対をし、細胞を見たこともない人が賛成している」のであるから「すでに内幕においてもおかしいところがある。」

この天野の批判に対して、千島と佐藤（ともに『生物科学』一九五三年第一号）から反批判がでた。しかしかれらが、天野のみを批判の対象にして、方法論的にも実証においても、たんねんにレペシンスカヤ・千島・佐藤説の欠陥をついた吉松の意見を検討しなかったことは、レペシンスカヤが提起した問題を掘りさげてゆくためには、遺憾なことであった。千島は、原始血管を連続切片でみると終末端は開放端に連続しているなど、具体的な観察例をあげながら天野の血管と血球の発生に関する記述を論駁し、「細胞が分裂以外の方法で新生するという新事実を〝中世紀的〟だと……いわれることこそオルソドックスを無批判に信仰する中世紀的態度」だ。「学説の衣をぬぎ心の色眼鏡をはずしてかからねばならぬのは、新説主張者の側にあるのか旧説信奉者の側にあるのか、思い半ばにすぎる」と逆に天野を決めつける。

佐藤は「思いきった仮説をたててみることは、それにとらわれさえしなければ、そんなにおそれる必要のないことではなかろうか」天野は「ふるい細胞観にとらわれすぎている」とたたく一方、千島の意見にも「重大な点でレペシンスカヤとのくいちがいがあるようにみえる。……レペシンスカヤは卵白粒から細胞ができるといっているが、できたものが細胞であることの有力な証拠に、それが有糸核分裂をする事実をあげている。これは〝細胞の何たるかをしっている〟証拠であるが、同時に千島さんの細胞分裂を否定される考え方ともはっきり対立する。血球だけについて論ずるならば、千島さんの説が正しいかもしれないし、あるいは天野さんの説が正しいかもしれない。しかし血球というものがどのように特殊化された細胞であるかを理解するならば、血球の起源だけから論じようとしないレペシンスカヤの態度だけが正しい態度ではなかろうか」と批判を加えた。

自己運動論争

井尻・徳田の内因論

この章の各節で述べたように、進化論は民科系の生物学者の間で興味の中心となっていた。民科生物部会では、一九五一年度シンポジウムで「生物の変異性」を、一九五三年シンポジウムで「進化」を主題としてとりあげ、この方面での問題提起の主体となってきた。さらに雑誌『自然』は、一九五三年、民科系の論客を動員して「進化論シリーズ」を連載し、現代進化論の普及に大きな力をそえた。

「自己運動論争」とよばれている論争は、民科生物部会のシンポジウムでなされた井尻正二の発言、およびこれを展開した「進化論シリーズ」におけるかれの論文（『自然』一九五三年一、二月号）を火元として燃えあがった。井尻によれば、生物の進化にしばしば定向性がみられることは、古生物学上の事実から言って否定できない。進化には内因と外因とが考えられるが、定向進化の事実は外因によっては説明できない。

以上が井尻の論旨の基本であるが、メンデル・モルガン派の進化論に対しては次のように論評している。まず、自然選択説は、「外因の一側面を進化の歴史性や具体性をぬきにして機械的に強調したもの」であり、逆に「因子遺伝学の説く進化論は極端な内因論である」「生物の進化の過程で作用する、進化の内因と外因のふくざつな交互作用ないし相互連関」を見失ってしまっている。けれども主な危険は、内因による自己運動を忘れあるいは軽視し……「外因に一辺倒する機械的な唯物論にある。」

ルイセンコ学説については、これとメンデル・モルガン説を折衷しようとする傾向をうれえる一方、ルイセンコ学説自身は「なんらかの形で、外部の環境条件が生物の体内にとりいれられて遺伝がおこなわれると説く点で、外因論に属するといってよい」としており、このルイセンコ説評価が、井尻の自己運動論とどのようにかかわりあうかがはっきりしない。この点をあとで示すように八杉竜一に突かれた。

議論はできるだけ自分で研究した成果または学説を提示しながら行うべきだ、というのが年来の井尻の態度であり、これが多くの人がかれの意見に耳をかたむけた原因のひとつであった。したがって「自己運動論」においても、古生物学における事実が要領よく示されている。定向進化の事例としては、タイタノリウムの体の大化があげられ、進化過程で外因が直接には効いていない例証としては、地殻変動と生物相との変化の不一致があげられている。八杉のような自然科学の実験から遠ざかった人を相手として行われたこの論争で、現場のにおいのする井尻の議論はひとつの魅力をもっていた。しかしそれとともに、現在の現場の限界、すなわち定向進化の機構が説得的には明らかにされていないことが、かれの論旨をも非説得的にしている。

『自然』の「進化論シリーズ」には、井尻につづいて徳田御稔が登場し、生物学者として井尻の問題提起を受けとめ、それを生態学の立場から具体化し、井尻論文の上述のような弱さを補おうとした。徳田によれば、種の発展は、多産を通じて個体が移動を行い新しい生態学的地位をうる自己運動である。それは、環境の変化と直接の関係をもたない。このことを示す優れた研究は、伊藤嘉昭の実験である。ダイズの葉につくダイズアブラは、ひとつの葉での個体密度が一定の限界に達すると、突然移動を開始し比較的利用価値が高い葉に次々と移動する。一方ムギにつく三種のアブラムシは、ムギの心葉〜葉鞘、下葉、中間の葉とそれぞれ別々に適応してついている。伊藤が示したこのふたつの事例をまとめて考えれば、種の分化と発展の機構がよく理解されると徳田は言うのであろう。かくて徳田は、「井尻氏の主張の中で私がもっとも教えられたことは……生物は単に物理的環境に支配される存在ではなく、むしろ生物固有の〝自己運動〟によって発展してゆく存在であると」いうことであるとして、井尻の見解を受けいれる。

井尻・徳田 - 八杉論争

「進化論シリーズ」に並行して、上述の井尻、徳田の論文をめぐり、両者と八杉の間に同じ『自然』誌上で論戦が戦わされた。八杉（『自然』一九五三年四月号）は井尻を論難して言う。井尻が主張する定向進化は、生物の進化を環境から切り離した宿命論のにおいがする。「生物がつねに環境との交互作用において新しい本性を獲得してゆくと考えるミチューリニズムの立場からは、原則としては定向進化の考えもでてこないし、種族の予定された運命もみとめられない。ミチューリン生物学の主唱者である井尻氏から、宿命論の意味にひびく言葉を聞かされたのでは議論は沸騰せざるをえない。」定向進化説を否認する実証的な論拠として、八杉は「定向進化的意想のもっともはいりやすい」人類の進化を例にあげる。たとえば、人類の進化をうながした最初の動機が、脳にあるか直立の体位と手の使用にあるか、という意見の対立は後者の勝利に帰した。もともと脳の発達を人類の進化の根本におく考え方の裏には、獣から人間への進化が予定された途である、という観念が横たわっている。この例だけでなく、人類の進化は、一般に定向進化によらないでも説明できるし、むしろ現在の学界では定向進化を否定する方向に向いている、と説く。つづけて八杉は、生物は環境に対し相対的独立性をもっているが、「それだから生物は環境とかかわりない自己運勤（ママ）をもつと結論することは、早計である。……内因と外因とは、生物体の物質代謝を中心として考えることによって、よく統一することができるように思われる。……生体の外部が内部との不断の交渉によって内部に転化するにとどまらず、生体の一部が他の部分にたいし外部でありうるというルィセンコの提言は、考えさせるものを多くふくんでいるのではなかろうか」と論じた。さらに矛先を徳田に転じて、徳田が容易に井尻説に賛同したのは、かれの「前諸著によって想像すると、定向進化説が自然淘汰の一つのアンチテーゼとしてもつ魅力が、これまで氏をとらえていたのが、いまその束縛から脱却する過渡期に際会しつつあるようである。……〝自己運動〟うんぬんは、なお氏のなかに存在する残滓の発現である」と八杉は解釈した。

徳田、井尻はただちに八杉の批判に答え筆をとった（いずれも『自然』一九五三年五月号）。徳田いわく。八杉は、自己運動を井尻が「結論」として提起しているように理解しているが、井尻はこれを研究を導くための「手段」としても提起しているのだ。ミチューリニズムの立場からは定向進化の考えはでてこないと説くあたりに「八杉氏の考えておられる〝定向進化〟が、どのようなものかがうかがわれる。……ミチューリン主義の生物学は、〝宿命論的〟なかつての〝定向進化説〟とは異質のものであっても、生物自己発展的なものであるという〝基本的理解〟の上に立つ限りにおいては、進化の必然性を説いた定向進化説の全部を打消したものではない。」それどころではない。「弁証法の骨子ともいうべき〝自己運動〟をミチューリン生物学から取りのぞけば何が残るのだ」と逆に八杉氏に反問したい。

以上のように徳田は正面切って八杉にぶつかったが、井尻の反批判は、「敢えて論駁せざるの弁」という形式をとってなされた。かれは、「筆をとりたくないわけ」を列記してその中で言う。「一番正しい、建設的な批判や討論のあり方は、どんな小さなつまらないものでもよいから、具体的な研究の成果（それもできれば自分の研究の成果）に足場をおくか、さもなければ、どんな古くさいものでもよいから、自分の魂にふれる学説（それもできれば自分のつくった体系）を提示し、それとこれとを対決させながらことを進めてゆくことだと思われる。」「八杉氏の今日の批判には、……八杉氏には例をみない、はげしい筆法と慎重さを欠いた論法がみられる。……私はそのかげに大きな社会的な動きを直感」する。つまり井尻は、八杉の井尻・徳田に対する批判は、折衷主義から進歩的イデオロギーに向けられた攻撃であり、八杉のこのような転身の背景として、社会の逆コースがある、と見たのである。

「論駁せざるの弁」を書いた井尻は、実際は『生物進化』誌上（一九五四年第二号）で、ミチューリン学説と定向進化説の関係について自説を述べ、実質的に八杉に論駁している。かれによれば、定向進化説は、数千万年の時間を単位とするものであり、しかもこのような進化は、「手ばなしの自然のままの環境条件」のもとでなされた。これに反し、ミチューリン学説からみちびきだされる進化論は、きわめて短い時間の間で、人為的な環境条件のもとで行われた生物の変化にもとづくものであって、両者の間には、成立する条件やレベルのちがいがある。古生物学的な定向進化は究極的なものであるが、一方、「人間が生物の環境条件を、大なり小なり支配できるようになった今日では、……古生物学的な進化の法則は、しだいしだいに、その主要な決定的な位置を、ミチューリン学説にゆずってゆくものと思われる。……このように、古生物学的進化論はミチューリン学説の真ずいと矛盾しない。」

八杉は、その後ふたたび井尻・徳田に反論をこころみた（『自然』一九五三年六月号）が、議論の発展はもはや見られない。定向進化論＝自己運動論は、「因子遺伝学とともに、内因論であり観念論である」と明確に規定するとともに、もういちどルィセンコ説が定向進化説とあいいれない所以を説いたにとどまる。

井尻、徳田－八杉論争が、以上のようなやりとりで終わったのちも、「自己運動論争」はくすぶりつづけた。すでに紹介した民科生物部会の一九五三年度シンポジウム「進化」の総合討論でも、この問題が中心テーマにひとつとなり、大いに議論が沸騰した。鹿間時夫、早坂一郎、渋谷寿夫、倉林正尚（まさたか）が井尻・徳田支持、伊藤嘉昭が八杉支持の発言をしたが、ここでも井尻、八杉は、ミチューリン・ルィセンコ学説の正統争いを演じている。

百家争鳴

その他、多くの生物学者がこの論争に加わったが、おもなものだけを紹介しておこう。

まず育種学者の福本日陽は、「ミチューリン生物学によれば、生物はそれ自体の内部に特定の変異の傾向とか、変異の方向性というような先験的なものをもっているのではなく、変異をひきおこし、変異の方向を決定するのは、……根本的には……外部条件の変化である」（徳田編『現代の進化論』一九五三）として、コムギの播性の転化をその例にあげ、八杉に加担した。

宇佐美正一郎（『国民の科学』一九五五年第三号）は、「具体的内容を指示せずに、内的原因や自己運動という言葉をもちだすことは、生体内に環境から隔絶した固定的な絶対者を設定するように誤解される危険性があり、永遠不変の遺伝子を仮定するメンデル・モルガン流の遺伝学への逆行を危惧される可能性がないとはいえない」と、井尻たちに慎重さをうながす一方、かれらの意見の積極的な面を受けいれ次のように主張している。「しかしあらゆる運動において主導的な役割を果すのは、常にそのものの中にある内的矛盾だから、問題は要するに生体の内的矛盾の具体的内容であり、更に内因の運動様式である。」ここで宇佐美は、この「内的矛盾とは、個々の生物の具有する代謝型である」と自分の見解を述べ「生体の内因を追求するのは生物学者に課せられた命題であって、古生物学者である井尻氏にそれを求めるのは無理である」と井尻を弁護した。

とくに、井尻・徳田説を強力に支持した論者としては、生態学史家の渋谷（『生物科学』一九五四年第三号）がいる。渋谷によれば、生物と環境の関係について考え方が三つある。第一は環境決定論である。季節変化にともなう生物の変化や気候と生物の分布との関係などの例を表面的に見ると、環境決定論を支持するかのような現象が目につくが、環境決定論がでてくるのは生物の生活の具体的な分析をしないからである。第二の考え方は相互作用論である。この立場は、生物が環境に規定される面があることを重視すると同時に、生物には積極的に環境にはたらきかけて、それを変える面のあることを指摘する。森林が気候をやわらげ、草食動物がその住んでいる土地の植物群落の変化の方向を変えることなどを、この立場を支持する例としてあげることができる。「しかしこの見解には、生物と環境との関係を平面的にとらえている、という欠点がある。」第三に、自己運動論は、「環境決定論のあらわす現象的な面、相互作用論のふくむ内容……を部分的な真理としてふくみつつ、なお、生物と環境との関係をより具体的に分析しようとする」立場であり、生物と環境の相互作用でどちらが主導的であるかを問題にするものである。渋谷はこの見解の代表者として井尻をあげ、八杉の井尻批判は「相手の主張をまげて行った主張」だと非難している。

さて、八杉が摘出し、井尻がその弁明に苦しんだルィセンコ説と自己運動論の矛盾を、渋谷はどのようにして両立させただろうか。「ダーウィンもルィセンコも、生物の具体的な個体群の運動を規定するものは、増殖能力といった内的なものでなくて、気候などの無機的な要因や他の類縁のとおい種の生物といった外的環境条件である」としているが、「それは、生物の個体群が外的環境によって律せられているという一種の外因論なのであろうか」と、疑問をなげかけたのち渋谷は、「現在の生物学者には、そのようにかれらを解釈しているひともある」が、自分はそうは思わないと主張した。なぜなら、ルィセンコは、それぞれの種にはそれに特有の個体群法則があると暗示している。したがってさらに一歩すすめて、「それぞれの種の個体群は、それに固有の内部矛盾にもとづく自己運動を行うものである」という立場を、ルィセンコがとっているにちがいない。このように渋谷はルィセンコと井尻・徳田・渋谷との一心同体性をかたく信じたのである。

この論争には、環境の概念の評価をきっかけとして、沼田真も介入した（『生物科学』一九五五年第二号）。かれは、植物生態学者であり民科生物部会で有数の理論家でもある。一九五四年一〇月、京大生態系談話会で、今西錦司、森下正明および沼田は、自己運動論によれば研究の仕方が今までとどこがちがってくるか、と渋谷にたずねた。これに対し渋谷は、外界の諸要因をとりあげ測定し、これら要因相互の関連を立体的にとらえ、一方生物主体の正しい分析を行い、しかるのちに両者の交渉、働きあいを明らかにする、と述べた。鈴木時夫は、さらに具体化することを要求したが、渋谷はこれ以上具体的な方法は示せないと答え、徳田が、「科学史家としての渋谷氏の発言をかってほしい。今すぐに具体的な方法を示せといっても無理ではないか」と渋谷をかばった。沼田は、このような渋谷、徳田の態度を不満とし、渋谷の自己運動論が「生物学の具体的な方法からうまれてこないのだったら、無力な哲学といわざるをえない」と決めつけている。自己運動論の内容に立ちいっては、沼田は、井尻・渋谷は、自己運動を個体または種のレベルで論じ、その環境からの独立性を主張しているが、渋谷の弁明にもかかわらず、かれらの説はやはり環境の第二次的性格の主張であって、「環境が積極的にとりあげられているとは、どうしてもみえない」と判断し八杉を支持した。

二、三の考察

かくて、一九五〇年頃、ルィセンコ支持という方向で意見統一に成功した民科生物部会の論客たちの間で今度はルィセンコ正統あらそいという形をとって、見解の分裂が表面化し論争がつづけられることになる。この傾向は、次章で述べるミチューリン運動に対する態度をめぐってさらに激化することになる。

自己運動論争は、いくつかの問題を提起した。ひとつは自己運動論自体の評価である。自己運動論なるものが出現した原因のひとつは、言うまでもなく古生物学における定行進化説であるが、もうひとつは、レーニン以来のマルクス主義の巨匠たちの自己運動論である。とくに論争の最盛期である一九五三〜五五年には、レーニンを学んだ毛沢東の哲学が、日本の進歩的知識人の心を強くとらえた。毛沢東はその『矛盾論』で「事物の発展の根本原因は事物の内部矛盾である」と論じている。井尻は、古生物学者であるとともにミチューリン主義者でもあろうとして苦悩したのであったが、渋谷になると、レーニン・毛沢東の権威とミチューリン・ルィセンコの権威の間にはさまれ、両者をいかにして両立させるかに腐心しているような態度が見られる。

しかし、元来自己運動という言葉はヘーゲルのものであって、レーニンはヘーゲル研究のノートで、それを借用しているにすぎない。一般に、どんな事物でも内的原因を主要因として運動する、と言い切ってしまうと、ヘーゲル流の観念論的弁証法に近くなってしまうだろう。事物の性質やレベルのとり方、および外からの圧力の強さにしたがって内的原因または内的法則性と外部条件との関係はさまざまである。したがって、自己運動という言葉の魅力におぼれたような議論は無意味であって、沼田や宇佐美がのぞんだように、その具体化が問題であり、そしてまたそうでなければ、ヘーゲル的弁証法がいくらでも入りこむ余地がある。

もうひとつの問題点は、生物学の研究における方法論の役割である。自己運動論の陣営では渋谷が、反対論の陣営では八杉が、ともに生物学史家あるいは方法論の研究者として発言したが、奇妙なことに、どちらも反対側の実地の研究者（渋谷に対しては沼田、森下など。八杉に対しては井尻、徳田など）から、具体的な研究と関連してものを言え、と要求された。この点については、むすびにおいていささか論じることにしよう。

むすび

この章の基本的な論点は、進化論とそれをめぐる方法の問題であった。あとひとつ、この章でとりあげた論争から学ばなければならない問題点は、権威と科学の問題、マルクス主義の巨匠の権威、生物学における正統の権威、外国の学問の権威、素人やいわゆる評論家に対する専門家の権威の問題であった。そこで、以上ふたつのことをとりあげて、この章のまとめにかえよう。

進化論の研究における思弁と実験

進化という現象が実験にかかりにくく、その他の生命現象にくらべて、その研究に合理的思弁をより多く必要とすることは言うまでもない。われわれの目前でおきる型の変異だけから、地質学的年代を経過して生じた変化の機構を説明しようとすることには、方法論的に難点がないではない。この点は、実験生物学の限界を強調する風潮を生みだす有力な根拠になったのであるが、生物学のうちの一分科にすぎない進化論に固有の問題を、生物学の全領域に拡張して、実験的・「機械論的」生物学的批判をうちだしたところに、民科派の生物学者たちのあやまりがあった。

その上、徳田御稔のように「もっとも本質的な変異」の分析的研究は不可能である、と言い切るならば、変異の科学的研究の可能性が否定されてしまうことになる。分析だけで科学的研究をなしうるとは言わないが、分析なしに科学的研究は、本質的には一歩も進まないであろう。

生物学における歴史的方法

生物進化の研究で思弁の役割が大きいという特質は、方法論好みの民科系生物学者の興味の中心に、この問題をすえつけた。また、進化論は古くから社会思想のなかにくみ込まれて、政治的、イデオロギー的に無視できない役割をはたした。このことも、進歩的生物学者を進化論にひきつけた原因のひとつになっている。このような点から、進化論が大変興味深い分野であり、そしてまたその研究がきわめて重要であることに、異論があるべきではない。けれども、そのことから、進化論が生物学諸分科の王であり、それらを導く中心だという結論をひきだすことはできない。

まず第一に、進化論は、なるほど生物学諸分科における研究成果なしには成立しなかったし、今後も発展しないであろう。しかしこれは、進化が、時空的にもっとも高い構成段階での生命現象だからそうなのであって、他の分科を特殊または個別とした場合、普遍の位置にあるからではない。したがって諸分科をみちびく唯一の原理ではない。普遍の位置を占めるべきものは、生命に関する一般的法則であろう。

第二に、進化論的方法＝歴史的方法という等置は、あまりにも安易である。なぜなら、進化の要因についいては全く意見がわかれており、どの「進化論」をとるかによって「進化論」と他の分科との接続の様子が違ってくるだろう。極端な言い方をすると、生物の歴史性の認識自体は、場合によっては目的論とも観念論ともむすびつく。種が変化するたびに超越的存在が干渉するという立場もありうる。

第三に、民科系の論客たちは、しばしば歴史的方法を実験的方法と対置したが、歴史的方法なるものは、実証そのものにはならない。一方、実験は実証手段である。一般に科学という知識体系が存立するためには、実証手段の存在が不可欠なのであって、実験と進化論的方法＝歴史的方法を同列におくことはできない。

第四に、進化論的方法が、現在の生物学をおしすすめる上でどのような役割をはたしているかが、具体的な問題で明らかにされていない。進化論的方法に限らず、方法論が単なる思弁であるまいとするなら、選ぶべき実験方法や実験材料の指示に結びつくものでなければならない。これを生物学史家（私もそのひとりなのである）や方法論の研究者に要求することは、現在の条件ではないものねだりの類に属しよう。しかしながら、それでもかれらの方法論論議が、実地の研究成果を左右することができないならば、その責任を誰が負うべきかは別として、それは科学の内部においては、社会的な存在ではない。

権威と正統

駒井卓は、学界の定説でない見解を発表する場合は、専門家の賛成を得てから一般に公表すべきであると、徳田をたしなめた。ところで、学界の定説を大きくやぶり、かつそれを非専門家の間に自信たっぷり宣伝した点では、ルィセンコやレペシンスカヤは徳田の比ではない。そして今なお、進歩的であって生物学者でない知識人と話していると、かれらの頭の中ではルィセンコ説が、絶対的な真理として動揺すらしていないことを知って、啞然とすることがある。こうみると、駒井の提起した問題は、なかなか通り一ぺんの公式ではかたづかないしろものだということがわかる。しかし少なくとも、駒井のまちがいとしてはっきり言えることは、かれが学説の発展を動力学として見ていない点である。どんな学説でも、それがどれほど優れた権威の審査に合格し、また専門家のうちのどれほど圧倒的な大多数に支持されていようとも、その学説が不動の真理だということにはならない。しかも、境界領域の開発が異常なはやさで進んでいる現在では、その分科から見れば非専門的な研究者がはたす役割が、かなり大きくなってきている。

それればかりでなく、駒井のような意見は、日本の研究者にとって致命的な欠陥であったと考えられる、想像力の貧しさ、思想の冒険へのためらい、賭博的な仮説の公表をおそれる臆病さ、これらの悪徳を合理化し島国的「謙虚」さを示すよき道徳律のあらわれであるようだ。

すでに指摘したように、駒井の批判にも一分の理がある。けれども、日本の進歩的知識人の間でのミチューリン・ルィセンコ学説のなかば信仰的とでも言うべき普及においては、専門家が定説でないものを、定説であるかのように啓蒙したことに、本質的な問題があるのではない。なぜなら、正統遺伝学にもとづく進化論書もまた（駒井の著書をふくめて）公刊されているからである。まず重要なのは、このように多くの異なった見解が自由に公表できるということであり、この点は、他の国にいざしらず日本では、若干の制限はあるとしても一応実現されている。そこで、これらの著書の市場を形成している人たちの選択が問題になる。選択が「信仰」によって行われるか、あるいは自分の頭で考えてなされるか、ということこそ本質的なことがらである。もし、素人たちが自分の頭で考えて、専門外の問題について意見をもつのであるなら、しかも、専門家に対し権力を背景として干渉するようなことがなければ、大きな規模で見れば、その分野の研究の進歩にとってもマイナスにならないだろう。

自己運動論争においても、権威の問題が別の形であらわれる。自己運動論者も反対論者も、自分こそがミチューリン・ルィセンコの側に立っていると強調することによって、自説の正しさを示す証拠の一半にしようとした。またこの論争の背後に、毛沢東の権威がひかえていたこともすでに指摘したとおりである。このように権威に背を向けることができない習性は、遠いむかしから日本の、そしておそらく世界中のマルクス主義者の間の一般的傾向になっていた。これが、自己運動論争の議事を不明朗にしていたことは否めない。本家のルィセンコ、レペシンスカヤにしてもそうである。かれらはたしかに大胆な説を主張した。そのこと自体は、日本の研究者がよく学ばねばならぬところである。しかしこの大胆さは、政治的権威に無批判にすがりつくことによって、つまり政治的にはむしろ小心だったことによって、かなり強く支えられていたように思われる。そしてまた、佐藤七郎の「思いきった仮説をたてることは、それにとらわれなければ、そんなにおそれる必要はない」という意見は、それ自身としては正しいが、レペシンスカヤやルィセンコの弁護には役立たなかったのではなかろうか。なぜなら、かれらは「それにとらわれ」ていたからであり、その「とらわれ」を裏打ちしていたもののひとつは、マルクス主義の巨匠への追従だったからである。

権威と正統の問題を、いわゆる「正統」遺伝学と「正統」マルクス主義の両者を材料として、かいつまんで論じた。同じ精神的弱点を別の方面であらわした両者が正面衝突をした点に、ルィセンコ論争全体の不毛性の原因のひとつがあった、と私は思うのである。

第五章　ヤロビの村で

ミチューリン運動のはじまり

ミチューリン会の出発

ルィセンコ派の論客たちによって、ミチューリン・ルィセンコの生物学は、方法論的にメンデル・モルガン主義の観念論、機械論に優越しているだけでなく、ソ連の農業生産と強く結びついて発展した点に強味があると、くりかえし主張されてきた。なかでも八杉竜一、石井友幸、井尻正二らは、日本でもミチューリン・ルィセンコ学説は農民の生産と結びつきうる、あるいは結びつかねばならないと指摘した。

しかし実際そのことが実現されたのは、一九五一年ごろからである。

長野県飯田市近くの松尾村に疎開し、日本共産党員として農民の組織に力をかたむけていた菊池謙一、菊池の協力者である鷲美京一、同じ県の村上村で「ミチューリン文献普及会」をつくっていた大竹博吉、大竹のすすめでその頃からヤロビ処理をはじめていた久保速雄が、日本におけるミチューリン運動の草分けである。福岡で一九四九年にすでにこの農法の実験に着手した杉充胤（みつたね）も、やがてこのグループに加わった。短時日のうちに、かれらの新しい農法は長野県下に普及し、一九五一年一〇月には一五ヵ村の代表三〇人が集まって「下伊那ミチューリン会」が結成されることになった。一一月には、機関紙『伊那の農業』第一号がだされた。東京からも、専門家として福島要一、福本日陽が協力に馳せ参じた。この動きとは独立して、山形県の農民の一グループが、イネ種子の低温処理をはじめた。かれらは、一九五〇年一月、同県下で催されたイネ直播栽培講習会で、吉岡金市がヤロビザチャについて言及したのを耳にしたのだった。一九五一年末には、高島米吉を中心としてこの動きも軌道に乗った。

これらの先駆者たちの力も大きいが、この農業技術の改良普及運動すなわちミチューリン運動の、全国的規模における爆発的な波及の背景として、日本共産党およびその影響下におかれていた日農統一派の組織的な活動があったことを、無視することはできない。とくに、一九五一年に規定された共産党のいわゆる「新綱領」の検討なしには、ミチューリン運動の意義は理解されがたい。

共産党の五一年綱領とミチューリン運動

五一年の綱領は、ふたつの方面からミチューリン運動に影響をあたえた。まず、この綱領が文化運動・科学運動にもちこまれてうたわれた「国民の科学」論を俎上にのせなければならない。

一九五一年綱領によれば、日本の権力はアメリカ帝国主義ににぎられ、その「ついたて」として吉田政府があり、吉田政府によって代表される国内反動勢力は、天皇、旧反動軍閥、特権官僚、寄生地主、および独占資本である。したがって、革命方式は植民地従属国型の民族解放民主革命であるとされた。

当時民科書記局員の地位にあった歴史学者石母田(いしもだ)正は、一九五二年一月「民科の当面の任務について」という意見書において、科学および科学運動が、民族解放のために寄与すべき重大任務をもつことになったが、それは国民的科学の創造によってのみ達成されると提言した。この発想は一九五二年二月、民科機関紙『科学文化ニュース』四八号で次のように具体化された。

「民族の独立が危機に際した今日、われわれの学問の新しい方向とあり方についての関心はあらゆる層の人々の間に高まりつつある。そして、それらはいずれも、民族的科学の創造という方向で一致している。……民族的科学とは第一にこの日本人がぶつかっている問題に課題を見いだすことである。……第二は、日本国民が解決を望んでいる問題をとりあげることである。第三にわれわれは、民族の解放という明確な目標をもって科学を推進することである。……そして最後に、われわれは、国民の中にはいって、啓蒙し、普及し、ともに学ぶばかりでなく、しんぼう強く国民の中から新しい科学、文化のにない手を育てあげてゆくことでなくてはならない……。」

この方針は、一九五二年の民科第七回大会で採択されたが、国民の科学、民族的科学の要請に答えるために、どのような活動をしたらよいのか、ということになると、はなはだ漠然としている。とくに、自然科学の専門家にとっては、まったく雲をつかむような話であった。そこにあらわれたのが、ミチューリン運動である。この運動は、民科では一九五三年四月の「国民的科学シンポジウム」で話題になり、翌一九五四年の第九回大会では、「国民の科学に対する要求にこたえ……科学者の結集と国民の要望にこたえるものとなった」活動として、水害・基地調査とともにとりあげられている。

一九五一年綱領は、別の方面からもミチューリン運動の発展に大きな影響をおよぼした。この綱領における日本の権力機構の規定についてはさきに述べたが、戦前の三二年テーゼの権力規定の胴体にアメリカ帝国主義の首をくっつけたという特徴を、そこに見てとるのは容易であろう。このような時代錯誤が基礎となっている以上、農業問題においても決定的なあやまりは避けられなかった。戦後の農地改革は「いつわりの農地改革」とされてその実効は評価されず、寄生地主的土地所有は依然として農村の基本的土地所有関係になっているばかりでなく、天皇制はいまだに一掃されず強化されつつある、というのが五一年綱領およびこれにもとづく共産党の見解であった。したがって、地主的土地所有を一掃する革命的土地改革の必要性が強調された。この方針にしたがって、山村を中心とした全国の農村に工作隊が派遣され、多くの若いエネルギーがむなしく費されることになる。ミチューリン運動は、あとでくわしく述べるように、このような方針にもくみこまれ、利用された。

かくて一九五四年二月二〇日から三日間、東京神田の教育会館で、日本ミチューリン会結成大会が盛大にひらかれるにいたった。参加した農民三七八名、技術者、教員、学生二二名、傍聴者三五三人以上であった。下伊那時代の『伊那の農業』は、六月から『ミチューリン農業』とその名を変え、発行部数も当初の三〇〇部から五〇〇〇部へと躍進した。

ミチューリン運動の社会的背景

いずれにせよ、日本共産党――当時この党は戦後もっとも弱勢であったと言えるのだが――の広汎な影響力によって組織された思想とエネルギーなしには、ミチューリン運動は存在しえなかったと言ってよいであろう。しかし、共産党の主観的意図だけでは、ミチューリン運動がこれほどさかんな大衆的運動として発展した事実を説明することはできない。

まず方法論論議を通じて、ルイセンコ学説の存在とそれがソ連農業においてはたしつつある役割が、世間一般、なかでも進歩的な知識層と共産党系の活動家の間に広く知られていたことが、ミチューリン運動誕生の重大な前提になっている。

次に当時の農村の状態に目を転じてみよう。終戦直後の食糧危機とインフレにあおられたある種の農村景気が、一九五〇年になると明白に後退しはじめ、食糧の流通過程でうまく立ちまわることによっていくらかは可能であった利得のうまみが、その頃には消失した。一方、これとうらはらの関係にあるが、それまでのきびしい低米価強権供出政策は、やはり一九五〇年頃を境にして農業保護的な農政にとって代わられた。生産意欲をうばわれていた農民は、これらの変化に対応して、ふたたび農業生産向上への意欲を回復しはじめた。また、農地改革の過程で、土地の分配が農民の主要な関心事になっていたが、一九四六年一〇月にはじまった第二次農地改革が四八年中にほぼ完了し、農民の関心が外に解放されることになった。なかんずくこの改革によって自作農になった農民が、農業経営や技術に熱心な関心を示したであろうことは容易に想像される。ミチューリン運動を誕生せしめた社会的背景として、以上のような条件を考えることができる。

そのほか、技術的背景としては、ミチューリン農法が、日本の零細土地所有とこの特性にふさわしい反当収量主義に適合した技術であり、とくにヤロビ処理は、貧しい農民も大した経済的負担なしに実施しうる技術であったことも、見落としてはなるまい。

ミチューリン農法

ヤロビ主義論争

長野県下で菊池謙一、杉充胤、大竹博吉らの指導のもとにはじめられたミチューリン農法は、ヤロビザチャを作物に施すことに集中していた。なかでもいちばん最初に成功したのは、秋まきムギを摂氏三度ぐらいに冷蔵処理をして秋まきする試みであった。この処理によって収穫期がはやくなり、病気に対する抵抗も強くなるし、収量も増加するとされた。菊池（『日本農民のヤロビ農法』一九五三）によればこの成功は次のような原理にもとづいている。第一に、ムギは温度段階を種子の間に通過したから、自然状態で暖冬異変のようなことがおきても大丈夫である。第二に、温度段階の発育を冷蔵庫のなかで経験したので、畑で芽をだしたときからその植物体全体は光段階の発育に入る条件にあり、あらゆる分蘖（ぶんけつ）は光段階をも順調に経過でき、すべて有効茎になる。第三に、これらのことから出穂や成熟がはやくなる。第四に、冷蔵処理は、発育段階の最初に本性上要求する温度を十分あたえて、植物の発育を促進しながら生長をおさえることになる。

以上のような長野県下の運動とその理論づけに対して、山形県の高島米吉およびその指導者である吉岡金市から批判がだされた。高島は、二代つづけて低温処理したイネを、三代目に無処理でまき、成熟期、耐寒性、稈長、穂の形状などにおいて対照に比べ良好な結果をえた。この成果を背景としつつ高島は長野県で行われている低温処理は遺伝性の変化をねらうのではなく、ただ一度だけの処理ですまされていることを不満として、菊池一派を非難した。『農業朝日』一九五三年六月号の論文でかれは言う。外的条件の同化による獲得形質の遺伝がミチューリン主義の要石であるのに、この立場を放棄した菊池たちの方法は「進化の法則を無視してアメリカ流に翻訳された、いわゆる〝バーナリゼーション〟にもとづいた試験であり、ソ連の〝ヤロビザーチャ〟をメンデル・モルガン式に解釈したもの」である。

吉岡（『植物の改造』一九五三年）も高島につづいて立ちあがった。菊池たちによってヤロビにもとづく増収とされているものは、実はヤロビの直接の効果ではない、とかれは主張する。日本では、普通輪作の関係から、実際の適期より半月以上おくれてムギの播種が行われている。そこで低温処理を行い、あらかじめ温度段階を経過させることによって、適期よりやや遅れてまいても適期にまいた場合と同じ効果をあげることが可能になる。この増収の可能性を実現するためには、肥培管理、播種量、播種方式、土壌の改善を統一して施行することが必要であり、このような総合的な技術であってはじめてミチューリン農法とよばれるにふさわしい。「ミチューリンやルイセンコもくりかえしそのことを強調しているのです。それなのに日本では、ヤロビザーチャだけを強調するヤロビ主義農法が、ミチューリン農法の名において宣伝されていますが、それはソ同盟にも中国にもないもので、日本にだけあるものです。」以上のように吉岡は、自分たちこそミチューリン主義の正統であり、菊池一派の説は「アメリカ的に解釈されたルィセンコ学説」であり異端であるとみなして排撃した。

菊池は、高島、吉岡の挑戦を受けて立った（『夜明けの記録』一九五五年）。吉岡の言動によってひきおこされたミチューリン運動内部の対立は「ミチューリン運動を喜ばない反動側の官僚主義者たちを喜ばせる反面、ミチューリン運動に希望をもった農民たちを当惑させ、そのまわりの圧迫や障害との闘いを不利にしている。」そして吉岡のように「そんな科学的厳密さを最初から求めることは、大衆運動を否定することにならないか。」

このような菊池の見解を裏付けるかのように、ミチューリン運動の実際家たちも吉岡にくいさがった。たとえば、長崎県壱岐ノ島の堀川薫雄（菊池編『緑の教室』一九五四）は、吉岡が「当然ひとつであるべき原理の上に立ったミチューリン農法を、高島ミチューリン農法と菊池ミチューリン農法……といった二つに故意にわけ」たのは「直播畑を荒らされたと云った風な私憤や妬みと受けとられて……吉岡先生は進歩的な農学者と信じていただけに……裏切られた淋しい気持をもった」むね、菊池にたよりをよせ、吉岡に「野心家」というレッテルをはりつけた。

ミチューリン運動に最も初期から協力した生物学者福本も、『農業朝日』一九五三年八月号所載の論文で、ルィセンコに依拠しながら「遺伝的な変化を起こさせなければヤロビではない、とか、一回かぎりの処理をやるのはメンデル・モルガン流のやり方だとかいうのは当をえていない」と吉岡、高島をたしなめ、むしろ「ヤロビザーチャをただちに〝育種〟の方法だと考え、ヤロビをすればすぐに作物の遺伝性が変わるのだと考える間ちがった考え方が、一部の実験家のあいだにあり、その点がミチューリン会の人たちの中で批判されている」のが現状であるという。論争の態度としては、「小さな見解の相違にこだわって、お互のあいだで〝みのらない〟論争にとらわれることは、決して農民のためでもなく、また科学技術そのもののためにもならない」というのが福本の意見である。

ところが吉岡、高島の反批判がまたすさまじい。とくに福本論文に砲火が集中された。「〝育種法〟と〝栽培法〟を機械的にわけることが、すでに方法論的にまちがっている。……ルィセンコによってはじめられたヤロビザーチャそのものが、秋まきムギを春まきにするという農業技術であると同時にすばらしい育種法であった。……日本のヤロビ主義におちいっている人々の間では、大切な育種法がおろそかにされて、農業技術の面が誇大にせんでんされている」（吉岡『植物の改造』一九五三年）。「メンデル・モルガン派の遺伝学者との妥協をはかっているところに（福本のまちがいの）根本がある。……現在の既成学界の〝孤児〟にはなりたくないと云うところから、ルィセンコの説さえゆがめて解釈しようとしておられるように思われる。」かれは「ミチューリン・ルィセンコの仮面をかぶったメンデル・ワイズマン派」である（高島『植物の改造』一九五三）といった調子である。

吉岡的な考え方を支持するものは農業技術者に多く、民科農業技術研究所西ヶ原班は、伊那のミチューリン運動をたずねた報告（『理論』二二号、一九五四）のなかでヤロビ主義の危険を指摘し、「この点をもし誤れば、数限りなく農村に出没する新興農法と何らちがうところのない農法になってしまう恐れがありはしないだろうか」と憂えた。

今まで紹介したことからわかるように、対立は第一に、ヤロビ処理だけを単独に行う方法が有効か否か、第二に、ヤロビを栽培法として利用するか育種法としてとらえるか、という点にあったが、この対立が、感情的な悪罵によって汚染されてしまったことは残念であった。

一方、九州大学農学部の池田一は、大学に所属する研究者としてははじめて追試を行い、その結果にもとづき、「ヤロビをしさえすれば増収になるというような単純な考え方はやめて、作物の性質や生育環境をよく考えた上でヤロビ処理する必要があ」り、また「ヤロビを単に温度段階を通過させるための処理だ、という狭い考え方では納得のいかないような現象が多くおこって来る」（『農業朝日』一九五三年一〇月号）と報告し、いわゆるヤロビ農法の理論的な裏付けがなく、栽培管理の面がおろそかにされていると菊池、杉などのミチューリン会主流を批判する一方、一九五五年の『自然』誌上では吉岡の態度にも疑問を呈する。吉岡の言動には、「〝ヤロビ主義者〟を攻撃するあまり、熱心にヤロビを行っている農民までも、或はその尊い体験までも信じない態度が無意識の中にも出ているのであるまいか。氏は〝おそまきのマイナスをヤロビによってとりかえすことが出来るから増収するのだ〟といわれるが、必ずしもそうでない事実はたくさんある。」

吉岡－菊池論争によって、ミチューリン運動にむだな混乱が生じるのをおそれた徳田御稔は、一九五三年一一月、京大で討論会をひらき、事態を収拾しようとしたが、意見の一致を見ることはできなかった。

一九五四年のミチューリン会結成大会においては、吉岡をまじえて討議が行われ、つづいて翌年の第二回大会を経て、いわゆるヤロビ主義もしだいに克服されてゆくことになった。またミチューリン会の指導者のひとりである福島要一が、ソ連、中国訪問の帰国談として「ソ連の何百町歩というコルホーズでは、冷蔵処理はできないからやっていない。中国でも、ヤロビをやるよりは、水害・利水・害虫対策に力を入れるほうが実際的なので、ヤロビは余り問題にしていない」(『朝日新聞』一九五四年九月一三日号)と述べたことも、ヤロビ主義的傾向に反省のきっかけをあたえた。

貧農の農法か富農の農法か

ヤロビ主義として批判されながらも、ヤロビ処理が圧倒的にミチューリン農法を代表した観があったのは事実である。これは、この処理が比較的簡便であるという利点によるものであった。菊池(『理論』一九五二年一九号「下伊那のミチューリン運動」ほか)、栗林農夫(たみお)(『ヤロビの谷間』一九五三ほか)、高山健一郎(『前衛』一九五四年九〇号「ミチューリン運動の発展」)らは、それゆえに再三、ミチューリン農法は貧農の農法であると主張した。たとえば菊池は言う。「今までの農法は、肥料や農薬や品種が中心的な位置をしめていた」が、ミチューリン農法の「大きな特質は、だれでもすぐ簡単にとりかかることができる、という点にあるようだ。その点これまでの富農技術、篤農技術とちがう」(『日本農民のヤロビ農法』一九五三)。実際ヤロビ農法は、長野県下でももっとも貧しい山村のひとつである遠山村ではじめに普及した。この事実は、菊池たちの意見を支持するものであるかのようだった。

もしヤロビの簡便さをとくに売りものにするならば、吉岡、高島の総合的ミチューリン農法は、経済的な面から言っても、要するにエネルギーの点から見ても「だれでもすぐ簡単にとりかかることができる」とは言えない。吉岡が提唱する直播農法は富農技術だと断じる近藤康男（『自然』一九五四年四月号）や、近藤の意見を支持する飯島衛（『日本読書新聞』一九五五年三月二一日号）が指摘したように、吉岡には「農民はついてゆけない」という事情もありえたであろう。吉岡の科学性にもかかわらず、かれがミチューリン会の主流をとらえることができなかったのも、このことと無関係ではあるまい。

しかしながら、ヤロビ主義が実践面でも克服されてゆく過程は、同時にミチューリン農法が「だれでもすぐ簡単にとりかかることができ」るものではなくなってゆく過程でもあったはずだ。高島は、吉岡との共著『イネの生物学』（一九五四）で皮肉って言っている。「〝金もない、資材もなにももてない貧乏なお百姓さんの〝誰でもやれる〝ヤロビ〝の仕方が、いつのまにか土蔵が必要になり、電熱保温器が必要になりという工合になりました。なにか釣り上げられて行くような印象を受ける、といっていたものがあります。」したがって東大農学部の教授であり育種学者である松尾孝嶺（たかね）が言うように、ヤロビ農法は「いちがいに貧農の農法とはいいきれない」（『週刊朝日』一九五四年四月四日号）ことになってしまう。

一九五三年に長野県下のミチューリン運動をたずねてまわった加藤忠夫は『農業朝日』一九五四年二月号で、「現地をみて驚いたのは、ミチューリン会の中でも、一しょにヤロビした種モミを使ったのに、収量の点で非常にひらきがあり、とくに増収したのはきまって精農家といわれる人たちのヤロビだった。このことは、ヤロビが

第5表　ミチューリン会参加農民と全国・全長野県農家の経営農地面積広狭別分布（百分比）

農地面積	ミチューリン会		全国	長野県
5反以下	16.1	<	33.2	30.0
5反～1町	27.4	<	32.3	37.2
1町～2町	46.8	<	26.1	28.7
2町以上	9.7	>	8.4	4.1

ミチューリン会結成大会参加者は，『自然』9巻5号29ページから，全国と長野県の農家数は，総理府統計局『第7回日本統計年鑑』78ページからそれぞれ作成

富農農法であることを物語るとはいいきれないものの、大いに考えさせられる事実だった」と報告している。

一九五四年のミチューリン会結成大会に参加した農民の階層を、全国、およびミチューリン運動の本拠である長野県の経営農地面積別農家戸数の分布と比較してみると第5表のようになる。この表を見れば、当時すでにミチューリン農法を貧農の農法と断定できる状態ではなかったことがわかる。

農民はバカ論争

一九五三年秋、京大民科主催で生物学史の講演会がひらかれたが、ここで吉川秀男と菊池の間に、はなばなしい論争が戦わされた。

吉川は自分の実験をもとにして、メンデル遺伝学の正当性を説き、話がヤロビ農法のこきおろしに飛んで、「農民は無知であるから（馬鹿であるからといったとする説もある）、菊池氏のような遺伝学の知識に乏しい素人が、ヤロビ農法の宣伝にあたって、メンデリズムが間違っているとか有害であるとか説くのは却って農民を欺くことになる」という趣旨の意見を述べた。

たまたま会場に居合わせていた菊池は、さっそく吉川にくいついて、「吉川氏は農民を馬鹿よばわりした」と詰問し、この発言の撤回をせまった。講演会に出席していた菊川徳市は、このときの様子を、『自然』一九五四年三月号の誌上で、「断乎として科学者の反省を促さずにおれなかったのは、さすが菊池氏だけではなく会場を支配する空気でもあった」と伝え、「官立大学の教授として、彼が馬鹿にする農民をふくめた国民の血税をそのような心構えで使用されてはたまったものではない」と吉川を追及している。

吉川はあとでこの時の事情の説明を『生物科学』一九五四年第二号で行い、日本のミチューリン学派の人びとは、ヤロビ処理による遺伝性の変化や栄養雑種に対する確信がないためか、「近頃ではやむなく論議をヤロビ農法とか、その他の農業技術に集中し、遠まわしにメンデリズムを攻撃するにすぎない状態となった」と主張した。この論評は、ヤロビ主義が「ミチューリン・ルィセンコの仮面をかぶったメンデル・ワイズマン主義だ」と考える吉岡、高島の意見と、立場はちがうが事実認定においては全く同一であることはおもしろい。

吉川の発言は軽率であったかもわからない。しかし当時は、俗流大衆路線とか、大衆追随主義とか、労働者農民万能主義とかよばれた思想が、マルクス主義者の思想やかれらの政策に、一種の偏向をあたえていたことを勘定にいれなければならない。俗流大衆路線というのは、前衛党員が大衆から学ぶというだけでなく、科学的社会主義の理論を身につけた前衛党員の意識を、資本主義的イデオロギーに部分的に汚染された大衆の意識にまでレベル・ダウンする態度のことであるが、この偏見が文化運動にまでもちこまれて、労働者・農民こそが芸術の価値の直接の判定者だとする思想を生む。本来階級性をもたない自然科学の世界で、この労働者・農民万能主義が行われるならば、結果はさらにみじめなことになるにちがいない。そして実際、菊池一派の発言には、しばしば農民万能主義的な臭気がふんぷんと感じられる。このような風潮に進歩的知識人固有の劣等感が結びついて、ますます農民の実際経験が見当ちがいの方向で評価される結果になったことも、大いにありえたであろう。

農民は生まれながらにして無知なのでも馬鹿なのでもない。また、知識人に比べて、すべての点で無知だというわけでもない。しかし、日本の劣悪な社会と政治がかれらから教育と科学を奪いとっていることを否定できないし、科学的知識においては相対的に「無知」であることが事実であろう。だからこそ、かれらに科学をあたえる運動に存在理由があったのではなかろうか。

ミチューリン運動と生物学者

ミチューリン運動の指導者たち

この運動の初期において指導的な役割をはたした人として、菊池謙一、杉充胤、大竹博吉、栗林農夫などの名があげられるが、かれらの多くは吉川秀男が指摘したとおり、生物学・農学について素人であることは注目すべき事実である。わずかに杉だけが九大と東京農大で農学を学んだ経歴をもっているにすぎない。菊池は黒人問題を専攻する西洋史の研究者であり、大竹は、かつて新聞記者をつとめたことがあるがやはり歴史学者で、スラブ民族史が専門である。栗林は一石路と号する俳人である。

ルィセンコ学説を支持する生物学者や農学者は、菊池たちをやっとのことで追いかけてゆくという形になった。ミチューリン運動が科学技術運動としてなりたつことが困難であり、社会的条件が成熟していないのに、抽象的な原則論から農民と科学者との連携が強行されてゆかねばならなかったという無理が、すでにこの事実にあらわれている。

いずれにせよ上記の「素人」の人たちにつづいて、徳田御稔、福本日陽、松浦一、福島要一ら知名の生物学者・農学者をはじめ、多くの若い進歩的な研究者が、きびすを接してミチューリン運動の隊列に加わってゆく。石井友幸、高梨洋一のように、かつてルィセンコ学説紹介の任にあたった人もこれに参加した。このように一般人民と科学者が、全国的な規模で合流し、ひとつの科学技術運動を形づくるということはかつてなかったことであり、今後も社会条件が変化しない限り、とうぶんありえない現象であろう。

そこでこれらの科学者、とくに元来生産と縁がうすい基礎生物学者をとらえて、当時のかれらの心境をたずねてみよう。

徳田御稔。一九五一年に著した『進化論』では、メンデル遺伝学を批判する立場に立ちながらも、ルィセンコ学説に対する全面的評価を保留し、井尻正二、八杉竜一からその微温的態度をただされた徳田は、一九五二年に出版された『二つの遺伝学』においては、はっきりとルィセンコ学説支持の見解をうちだした。『進化論』におけるメンデル遺伝学批判は、方法論的な問題意識を中核とするものであったが、『二つの遺伝学』以後はこの批判をミチューリン運動への参加と結びつけてゆく。かれは「私の過去の進化論には、観念論の残渣が多くあった」ことを自己批判し、この反省は「農民とのまじわりの中でおこなわれた」とかえりみて、「これからの進化論は、この農業の中で生まれた〝新しい生物学〟とともに前進するであろう」(「創造的ダーウィニズム」『理論』一九五四年二二号)と述懐している。こうして徳田は、生物学の発展のためにも、ミチューリン運動へ参加せざるをえない動機をもつことになる。

松浦一。第一章でかいたように、松浦は戦前から遺伝学において独自の体系を築きつつあったが、一九五三年五月、東京神田の共立講堂で行われた「学問・思想の自由のための講演会」で、わが国の論争では「老大家は西欧陣に追随し、若い人達はルィセンコに心酔している」が「論争の多くは翻訳的で独創性あるものが少ない」ことを遺憾としながらも、日本の遺伝学者がつくったダイコンの四倍体が農民から見むきもされなかった事実を例にあげて「農民が正しく理解できぬ農業遺伝学」というものがあってよいものか、と反問している。さらに一九五四年の『理論』誌上では、学界から離れたところにあるミチューリン運動が日本の学界をゆさぶっている事実を認め、この事実に対応する科学者の責任を指摘して、自分が身をおくべき場所を明らかにした。

福本日陽。福本はすでに、自己運動論争およびヤロビ主義論争で顔をだしたが、ここでその横顔を紹介しておこう。かれは、八杉竜一が東大動物学科を卒業したのと同じ年に同じ大学の植物学科をでた。ミチューリン運動初期の指導者としてはめずらしく、理学部出身者である。しかしかれは農家に生まれたので実地の農業にも深い関心をいだきつづけていた。菊池たちのミチューリン運動を知り、『伊那の農業』が四号、五号とでるようになると、じっとしていられなくなって、福本は下伊那にかけつける。こうしてかれは、ミチューリン農法を「日本農民がはじめて見出した力強い変革の技術である」と激賞し、自らも「これからさき、ほんとうに日本農民のものとして発展させてゆくために、私たちも力を合わせて、励ましあってゆきたい」（『農業朝日』一九五三年八月号）と決意を披瀝し、以後、この運動の有力な指導者として活躍しはじめる。

科学者の責任

ミチューリン運動に関心をもった生物学者の間でも、この運動のなかで科学者がどのような役割をはたすべきか、またははたしうるか、ということについては必ずしも意見が一致していなかった。

たとえば一九五四年のミチューリン会結成大会で、伊藤嘉昭が「科学者には科学者としての責任がある。専門的な立場からみて確信もてることでなければ普及活動はできない」という趣旨の発言をした。吉岡も、「あたらしいことをやる場合、つねにリスクがある。しかし君はあたらしいことをしなければならない。そこに君の仕事がある。もし失敗したら君ひとり失敗して生産に影響をおよぼさないように仕事をやれ」というサフォーノフ（ミチューリン・ルィセンコ学説の啓蒙書『変革の生物学』の著者）の言葉を引用しつつ「あたらしいことは科学的に研究した上で……はじめて農民諸君の中へもちこまれるべきものである。一知半解のホンヤク的知識を生のままで農村へもちこんで農家にめいわくをかけることは、善意にもかかわらず、否善意なるがゆえによけいよくないこと」である（『日本のミチューリン農法』一九五四年）と主張した。

このような慎重な立場に対して、ミチューリン会主流は同意しなかった。ミチューリン運動に積極的に参加した生物学者の大多数もそうであった。たとえば、多くの問題で穏当な発言をしていた池田一も、ここでは、吉岡の見解は「日本の社会状態や、ヤロビ運動そのものが技術の創造運動であることを理解してからの意見ではないようである」と論評した（『自然』一九五五年五月号）し、生態学者朝日稔は、伊藤や鈴木直治ら民科農技研西ヶ原班の意見は、ミチューリン運動の特質が「働く農民がつくり出した、またはつくりだしつつある科学である」ことに気がつかない「技術官僚主義」のあらわれであるとこきおろした。（『生物科学』一九五五年第一号）

徳田は、その論文「創造的ダーウィニズム」（『理論』一九五四年二二号）において、科学者が、「農民とともに科学するへりくだった気持であれば、パンフレットや本の数冊を誠実に勉強してゆけば、仲間に加わることができる。（伊藤的な意見のなかには）農民は科学をともに推進するにたりないものというまちがった考えがひそんでいる」のではないか、と論じた。

徳田の「創造的ダーウィニズム」を掲載した同じ号の『理論』は、「ミチューリン運動にまなぶ」と題する座談会の記録をのせた。この座談会の参加者は、松浦、徳田、稲村宏、磯田政恵、太田嘉四夫（かしお）、佐藤七郎、および菊池であり、全員が徳田の見解に賛成した。なかでも、「伊藤氏のような責任論とまた別の立場からも、責任ということを考えることができる。えらい失敗をするかもしれない。学者としての誠実さがないといわれるかもしれないが、農民といっしょにくふうしながら田の中で泥んこになって、自分の学問のやり方から何からすっかり考え直してみよう」という趣旨の太田の意見は、ミチューリン運動に参加した科学者の心情を、かなり典型的にあらわしているように思われる。結局この座談会は「形式やレッテルへの責任」（菊池）よりも「国民にたいする責任が先だ」（佐藤）という結論でおわる。

しかし、この結論における問題の立て方は、伊藤、鈴木、吉岡らの真意をゆがめてしまっている。「国民にたいする責任」を科学者が負わねばならないことは、言うまでもない。そのために、科学者個人および科学者層が何をなすべきか、という点に意見のくいちがいがあったのである。民科農技研西ヶ原班は『理論』一九五四年二七号で、「私たちが農民との結びつきを〝科学者は一冊本を読んだら農民の中へ入ってゆくべきだ〟などという安易なものと考えるならば……班活動を破壊してしまうことになろう。農民の多角的な要求に答えるには」科学者個人でなく「全国の研究を系統化し、日本農業全般にわたる方針をつくりあげてゆくことではないだろうか」と、かれらの見通し、方針を提示しつつ、暗に徳田を批判した。現在でもこの方針は、進歩的農学者のあり方のひとつとして、十分検討に価するものである。

なお前記の座談会は、ほかにもいくつかの興味ある問題を提出している。第一は、科学と生産とのつながりに関する問題である。とくに菊池と磯田の発言には卑俗な実用主義が強いが、他の人たちもこの傾向からまぬがれていないようだ。たとえば佐藤は、栽培植物が実験材料としても有利であることを研究者に強調して、かれらが生産に目を向けるきっかけをつくるべきだと言っている。

第二の論点は、ミチューリン・ルィセンコの学説は、メンデリズムと敵対する性質をもっているか、それともこれを包摂する性質をもっているかという問題をめぐるものである。「いまのアメリカの遺伝学はすでに大きな変動期」に入っており「昔のメンデリズムを否定してしまって」対決したつもりになるのはまちがっている、アメリカの遺伝学が「進む道とルィセンコイズムとどういうところで合体するか、違反するかということ」を研究すべきであり、学説としてのメンデリズムを否定しこれに敵対することは有意義ではない、と主張する松浦に対して、徳田と菊池は、両説の対立には世界観や論理構造の上から階級的な性質があるとして、ゆずらない。この点では菊池は、かれの論敵吉岡と一致している。吉岡(『日本のミチューリン農法』一九五四年)は、メンデルの法則に修正と附加を行う必要があるという福島の言葉をとらえて「メンデルおよびメンデル主義とミチューリンおよびミチューリン主義とは、絶対にあいいれない二つの遺伝学」であると強調した。

栄養雑種とヤロビの生化学

いままであげた人たちのように、身をもってミチューリン運動に入ってゆくことはあえてしなかったとしても「国民の科学」の旗印のもとに、多くの進歩的生物学者、農学者たちが、「ヤロビの村」を訪問した。飯島衛の「ヤロビの村をたずねて」(『自然』一九五三年九月号)、民科農技研西ヶ原班の「科学者の手記——上伊那ミチューリン会をたずねて——」(『理論』一九五四年二二号)、S「埼玉県のヤロビを見学して」(『民科生物部会通信』一九五四年二七号)などが記録に残されている。

けれども、もし生物学者、農学者が「国民の科学」をめざすならば、いちばんかれらに要求されていたのは、ミチューリン農法を裏付ける基礎的な研究の実行であったろう。ヤロビ農法に理論的裏付けが弱いことは、ミチューリン会の主流をふくめて誰でもがみとめるところであったし、理論的解明がなされることによって、新しい農法は一般性を獲得しさらに広い見通しをもつことができることになっただろう。その意味で、民科農技研西ヶ原班の立場は、「国民の科学」運動にうわっ調子で乗っていった人たちから見れば、はがゆく感じられたであろうが、結局はもっとも現実的であったということができよう。ではこの期間、ミチューリン・ルィセンコの農業生物学の基礎的研究は、わが国ではどのようにすすめられたであろうか。

もっとも著しい成果は、栄養雑種の研究が非社会主義国でははじめて確認されたことである。まず一九五〇年に、長野県下の農事改良試験場につとめていた清沢茂久と、当時高校生だった柳沢一郎が、柳沢家の家庭菜園においてキクイモとヒマワリの接木をこころみ、台木と接穂は、開花期、葉形、塊茎・球芽・種子の形成、枯死期について相互に影響しあうことをみとめた（『遺伝』一九五一年五月号）。清沢、柳沢は、この結果は、ルィセンコが示した実験事実と一致すると考えたが、遺伝性が変化したと断定するにはまだ尚早だと説明した。実際かれらの実験は、第二代を調べていない点から言っても、遺伝性の変化の実証にはなっていない。徳田はルィセンコ派の立場からこの実験の重要性を強調したが、同じルィセンコ学説を支持する研究者のうちでも池田は、清沢、柳沢が得た結果は「単なる接木による生理的影響」だと考えている。しかしながら清沢たちの研究の重要性は、ルィセンコ学説を実証しえたか否かにあるのではない。第二章で指摘したように、学界が抽象論議にあけくれているとき、家庭菜園という誰でも利用できるはずの条件で、論争をいちはやく地におろした点にかれらの功績がある。

そうこうしているうちに、栄養雑種の本格的な追試実証は思いがけないところからあらわれた。一九五一年、正統遺伝学の宿将、国際基督教大学の篠遠喜人の研究室で、青ナスを接穂とし黒紫ナスを台木として接木をこころみたところ、青ナスがなるべき接穂に黒紫ナスの実ができたのである。しかも、この黒紫ナスの種子から育った次の世代では、黒紫ナスと青ナスの両方の実が生じた。この実験によって、台木の影響が次代に伝えられること、つまり遺伝することがはっきりと証明された。その上、実験した当人が篠遠であるため、いかに頑固な正統派遺伝学者も、実験方法や材料について文句のつけようがなかった。篠遠は、上述の実験結果を説明して、遺伝子と形質の間をつなぐ「働き手」というものを考え、これが台木から接穂に移ったのだ、と主張した。「働き手」の実体としては、この場合は黒紫色素のデルフィニディンと、その配糖体形成に必要だとされているモリブデンの微量を考えている。（『科学』一九五五年一二号）

その他、岩手大農学部の笠原潤二郎、蚕糸試験場の間和夫らによって、栄養雑種の存在が確認されたが、なかでも注目されるのは東京農工大の柳下登（『生物科学』一九六二年第一号）の研究である。もし栄養雑種において、雑種性が遺伝的に固定せず、代を経るごとにうすめられてゆくのであるならば、育種上から見ても、普通の交雑による雑種に比べて有用だと言うわけにはゆかないし、遺伝学的にそそられる興味も小さい。つまり、篠遠的な説明で十分なのである。篠遠と間は、第一種子世代の結果まで見たのであるが、新しい遺伝性の固定を主張しようというのであれば、第二種子世代も、もとの性質に逆もどりしないことを確認する必要がある。この要求を柳下が満たしてくれた。かれのトウガラシの接木実験によれば、新しい遺伝性は第二種子世代においても失われていなかったのである。

ミチューリン運動の主な農法となったヤロビザチャのしくみについては、北大植物学教室の宇佐美正一郎、寺岡宏（『自然』一九五四年一一月号ほか）らが、生化学的方法でその解明にとりくみはじめた。かれらは⑴コムギをヤロビ処理すると、ちょうど処理期間の終わりごろに、それまで動揺していた呼吸量と脱水素反応の強さが一定の値をとるようになること、⑵ヤロビ処理によって、ポリフェノール・

オキシダーゼのような銅をふくむ酸化酵素の働きが、シトクロム系の鉄をふくむ酸化酵素の働きにとって代わること、(3)たんぱく質、アミノ酸、RNA、DNA、リン酸の代謝も、ヤロビ期間中に著しい変動を示すことを明らかにした。

生態学者の間では、ルィセンコの種内競争否定論が大きな反響をまきおこした。日本では、ルィセンコの影響というよりは、今西錦司、可児藤吉のすみわけ理論の影響下に、移動によって動物の過剰繁殖が防がれる証拠があらわれつつあった。森下正明（一九五〇）は、ヒメアメンボの野外集団では、水面における密度の過剰が、未利用水面への移動で防がれることを発見し、第四章で述べたように伊藤（一九五二）は、アブラムシの競争がやはり移動によって成立しなくなることを証明した。植物においては、吉良竜夫その他の人たち（一九五三、一九五五）が、ダイズやニンジンを種々の密度にまいて研究した結果、密度が高くなっても個体の優劣の差が拡大するとは限らないことがわかった。種内で競争が行われ、優劣の差がひらくかどうかは、植物の発育段階や形質によって異なる。このようないくつかの成果を背景に、ルィセンコの理論は、民科系の生態学者の間に無理なく受けいれられることになった。

伊藤と吉田敏治（『生物科学』進化特集号）は、上述のみずからのデータをふくめた多くの知見にもとづき、ルィセンコの見解に原則的に賛成したが、ルィセンコのように種内競争を全面的に否定することには、議論の余地があると考えている。かれらは「むしろ種内競争説を排撃したいのである。種内競争がたとえ存在しても、それは進化において大した役割を果たさないであろう」と語っている。

学生たち

農学者、生物学者の予備軍である学生たちも、この時期、ミチューリン運動への大量の参加者をだした。その組織上の中核となったのは、農学関係の研究会および民主主義科学者協会の学生班であった。

まず、「国民の科学」時代の学生運動を一瞥しておこう。一九五〇年秋のレッド・パージ反対闘争で全国的にもりあがった学生運動は、そののち、内部分裂と日本共産党の誤った指導の影響を受けてしだいに衰退し、一九五一年以後は、一部の活動家だけが学園を離れて、火焔びん事件で象徴される極左的な「軍事活動」に従事するという状態であった。このような方針が、活動家を大部分の学生から遊離させたことは言うまでもない。そのせいか、一九五四年六月の全学連第七回大会をきっかけに、活動家の努力は、一般学生向けのサービスへとそそがれるようになり、いわゆる「歌え踊れ」の時代に入ってゆく。

この第七回大会で、科学運動にとくに関係が深い決定が行われた。「日本学生学科別会議」開催の決議がそれである。この決議にもとづき、一九五四年一二月「日本学生ゼミナール農学会議」が、東京農工大学でひらかれた。その際、ミチューリン生物学を研究し、ミチューリン運動に協力するための連絡組織として、日本学生ミチューリン会が誕生する。参加校は、北大、東北大、山形大、岩手大、宇都宮大、東京農工大、東大、日本獣医畜産大、東京教育大、新潟大、岐阜大、京大、九大の一三校であり、事務局は、「京大新しい農法研究会」におかれることになった。

学生ミチューリン会の中心となった京大新しい農法研究会の『会誌』は、ミチューリン運動に参加した学生たちの見解を展示している。かれらは、現代生物学の難点を指摘し、あるいは農学のあるべき姿について論じているが、その論調の多くは、かれらの師であるミチューリン学派の農学者、生物学者の意見と同じであって、特記すべき点は少ない。

しかも、この研究会において、ゆきづまりがあかるみにでるまでに、それほど時間はかからなかった。

『会誌』第四号（一九五五年三月）の編集後記は、「現在、私達の研究会活動について根本的な反省のなされるべき時である。京都府ミチューリン協議会の事務局をするようになって、ともすれば研究活動がなおざりにされがちであった。私達各々が研究会に対してもっている希望を互にぶちまけて、各々の学問と生活の場とし、各々の期待にこたえていくべきものでなければならない」とし、着実な学問的水準を高める活動をなさなければならないと主張している。このように、ミチューリン運動を熱心に行えば行うほど、学生としての立場から言うと欲求不満におちいってゆく現象は、多くの学生グループで見られる傾向であった。

東京教育大学の学生グループを例にとってみよう。教育大学では、一九五三年のはじめ頃から、民科生物部会の班結成へと向かう胎動がはじまる。植物学科では、オパーリンの『生命の起源』の読書会が、動物学科では、理論生物学の研究会が、それぞれその頃発足し、これらが母体になって、同年六月に班の結成を見た。発足当時の会員には、動物学の丘英通、碓井益雄、植物学の丹羽小弥太、鈴木恕の四名のスタッフがふくまれているが、学生会員は二三名を数え、数の上から言って圧倒的であっただけでなく、実際上の活動の主体も学生であったので、この班は学生班とみなしてよい。

結成の初期においては、研究会の開催（『生命の起源』研究会、ルィセンコ研究会、ヤロビ研究会、ロシヤ語研究会）が班活動の中心であったが、一九五三年の夏やすみに入ると、まず植物学科三年生の古川朝海が、北信のヤロビの調査にでかけ、その報告を『民科生物部会教育大班通信』一号（一九五三）にまとめた。つづいて同じ年の九月初旬、四年生の柳下登を中心とするヤロビ調査グループが組織され、かれらも北信および群馬県にでかけた。

しかし班の内部には、このような「国民の科学」運動へと傾斜してゆく勢力のほかに、この方向に反発する部分も存在した。『通信』三号（一九五四）においてすでに、二年生の戸塚績（つむぐ）は、「民科といえばヤロビ、ルィセンコといえば民科だなんて云われる偏見も、真に学生一般の望んでいる事を追及していなかったためではなかろうか。一般の望むところ、疑問とするところは、単にヤロビやルィセンコにとどまっていないと云う事である。即ち、ふだん受けている講義内容の疑問とか、実験方法の改良、各専門分野における進み方等、自分に直接関係ある問題がたくさんある。このような問題を解決して行くうちに、新しい方向がおのずと出てくるものだと思う」と述べている。戸塚の意見は、勉強好きの学生の立場を代表するものであった。もともと民科生物部会の内部において、「国民の科学」の波をかぶる前には、研究体制の近代化に最大の関心を示す勢力が、若手を中心に強く、この傾向が「国民の科学」運動の衰退後、分子生物学の飛躍的発展を基軸とした生物学をおしすすめてゆくことになる。のち生態学者となった戸塚の発言は、「国民の科学」時代にも消えうせなかった、この潜流の存在を示すものであった。

ところが、戸塚の意見は、意外な形で、班主流の採用するところとなる。『通信』一一号（一九五五）の巻頭言は、次のように主張している。「自分たちの実力を無視し、あせって、〝普及活動〟〝組織〟をすぐ表面にうちだす態度は、つつしまねばならぬ。班のメンバーの一人一人が〝もうかる〟ようにして、その実績をあげることがわれわれのまず第一にしなくてはならないことである。それなくしては会員も増えないし、普及もできないし、学生間の団結も組織化も絶対に考えることはできない。」こうして教育大班は、民科を「楽しく、もうかる会にしよう」という看板をかかげることになる。この転換は、学生運動全般における、農村工作闘争と「歌え踊れ」的人集め政策との共存、および前者から後者への重点の移行とパラレルな性質をもっている。

農民の前にへりくだって、農民とともに学ぼうという態度と、「もうかる」活動をしようという発想は、現実には矛盾する。しかし第一に、民科の活動家の思想的建前から言って撞着はない。なぜなら、かれらの考えによれば、農民のなかで本当の生物学を学ぶことは、学生にとってもうかるはずであり、楽しくなければならない。逆に、楽しくもうかる活動は、必ずや学生たちをミチューリン生物学にみちびく。その上第二に、上記の矛盾は、活動家の心情的なパターンにおいても、宥和されている。農民へのサービスも、学生にもうからせる活動も、当時広く流布された大衆追随主義の路線から出発している。かたや、農民大衆に追随する発想であり、こなた学生大衆に追随する発想だったのだ。

学生グループのミチューリン運動が転機をむかえつつあったこの頃、東京都立大学の民科学生班で、ミチューリン生物学に関する展示を文化祭で行おうという提案があり、ミチューリン生物学の扱いをめぐって対立が生じ、展示はお流れになった。この対立は、ミチューリン生物学の立場から解説しようという会員と、第三者的に紹介しようという会員との見解の相違にもとづくものであった。後者の立場は、生物学科二年生の中村禎里（『都立大学民科ニュース』一九五五年一三、一四号）の主張に見られる。中村は、ルィセンコ派および反ルィセンコ派の生物学者が、たがいに、相手は生物学について無知であり、政治的であると攻撃しあっている事実をあげて、「ところで私達の学校の遺伝学の先生はモルガン派の研究者である。すると、ルィセンコの意見を信用すれば、もしかしたらその先生たちは生物学上の諸現象を知らないのかもわからないし、私達は、現代の非人間的な社会につかえる理論をならっているのかもしれない」と述べ、したがって、生物を学ぶ学生は、二つの生物学の対立において、自分自身の見解をもつ責任があると論じている。かれはさらに、獲得形質の遺伝の証拠とされている例として、形質転換の現象や、コムギ播性の変化、栄養雑種の形成をあげて、日本におけるルィセンコ支持派の追試がはかばかしくないし、また、ルィセンコ以外の者が提出した獲得形質遺伝の例がひどく人工的であると指摘する一方、ミチューリン・ルィセンコ的な考え方を頭ごなしに否定することはできない、と主張している。

中村のような意見は、「もうかる民科」の思想をいっそうおしすすめ、「もうかる民科」が進歩的思想集団としての民科と、宥和しがたくなった地点に生じた、折衷的産物であったと思われる。一方では学生は、「もうかる」ために、メンデル・モルガンの遺伝学をまじめに勉強しなければならない。しかし他方で、進歩的思想のもちぬしとして留まろうとするならば、ミチューリン・ルィセンコの学説にも敬意をはらわなければならない。

次章のテーマに入り込むが、ルィセンコ自身の権威がソ連で低下し、進歩的であるためには、ミチューリン生物学を尊敬しなければならないという精神的なつっかえ棒がはずされれば、中村のような折衷的な見解をもった学生は、容易に正統遺伝学支持へと移りかわる可能性をもっている。現在（一九六七年）三〇代で第一線に活躍している生物学者には、このような経歴をもった人が少なくないように思われる。

啓蒙書の出版

ミチューリン運動全盛期の一九五三～五四年には、きわめて多くの啓蒙書が出版された。

まず、ソ連ものの邦訳としては、レーベデフ『ミチューリン伝』、サフォーノフ『変革の生物学』『続変革の生物学』、メリニコフ他『ダーウィニズムの基礎』、やや専門的なものに、ルィセンコ『農業生物学』、グルシチェンコ『植物の栄養交雑』、ウォロビヨフ『ミチューリン遺伝学の基礎』などがある。他にイギリスの生物学者の著作の翻訳、ファイフ『ルィセンコ学説の勝利』、モートン『ソヴェト遺伝学』

が上梓された。一年おくれて一九五五年の出版になるが、ルィセンコ、オパーリン、レペシンスカヤ、マカロフ、レーベデフ、トゥルビン、ボグダーノワ、ルバシェフスキー、オバンデル等ソ連の生物学者たちの論文集が、宇佐美の監訳で刊行された。この書物には、ルィセンコ派の未紹介の新しい業績・理論がもられている。一例をあげると、レーベデフたちは、動植物における多精受精、つまり卵細胞が二つの精細胞と受精することによって、子には二種類の父親の遺伝性が受けつがれると主張している。この主張は、受精が性細胞の相互同化過程であって、たんなる染色体の結合ではないという、ルィセンコの意見の正しさを証明するものだとされている。

日本でもミチューリン・ルィセンコ説を原則として支持する立場から生物学書が少なからず著述された。八杉『生物学』（一九五〇）をさきがけとして、徳田『二つの遺伝学』（一九五二）、山口清三郎編『生物の歴史』（一九五三）――ただし遺伝学の項を分担した吉川はルィセンコ説に反対――、徳田編『現代の進化論』（一九五三）、石井友幸『進化論の教室』（一九五四）、飯島衛『入門生物学』（一九五六）、伏見康治他編『進化――その必然と偶然』（一九五六）、渋谷寿夫『生態学の諸問題』（一九五六）などが次々にでた。

ミチューリン農業に関するものは、菊池『日本農民のヤロビ農法』（一九五三）を皮切りに、栗林『ヤロビの谷間』（一九五三）、吉岡・高島『植物の改造』（一九五三）、杉『ヤロビの理論』（一九五四）、杉『ヤロビの実際』（一九五四）、福本他『育種の理論と実際』（一九五四）、磯田『新しい畜産』（一九五四）、徳田『やさしい進化論』（一九五四）、栗林『日本農村のめざめ』（一九五四）、菊池『写真でみる日本農民のヤロビ運動』（一九五四）、吉岡・高島『日本のミチューリン農法』（一九五四）、吉岡・高島『イネの生物学』（一九五四）、菊池謙一・幸子編『緑の教室』（一九五四）、新潟ミチューリン会『ミチューリン農法による増産の記録』（一九五四）、菊池『夜明けの記録』（一九五五）、杉『ヤロビの研究』（一九五六）などその出版点数はおびただしい。ミチューリン運動が、世間の耳目をいかにそばだてていたかがこのことからもうかがわれる。

農民運動としてのミチューリン運動

技術運動か政治運動か

ミチューリン運動は、農民にとっては農作物の増収をめざす運動であったが、その端緒や進み方から言って、客観的には単なる技術運動ではありえなかった。菊池謙一は、ミチューリン運動に本格的にとりくんでからまもない一九五二年に、論文「下伊那のミチューリン運動」を書いたが、これには「農民文化工作の問題点」というサブ・タイトルが付されている。その問題として菊池は、次のような「意見と見とおし」をあげている。⑴農村に本当の科学をもちこむことにより、農民自身が自然をつくりかえることに希望と自信をもつようになり、「封建的環境にしばられた農民の宿命観や諦念をぶちこわし」、封建的な意識を打破することになる。⑵生活および生産と結合した文化運動は、敵の弾圧に抵抗し、それをあばいて進むためにもっとも有効である。⑶ミチューリン農法は貧農の要求に答えることができる。したがって「土地の要求と結びついて、農民の政治的要求までたかまらせ……社会制度との革命的闘争にまで立ち上らせうる。」⑷「ミチューリン運動は、農民のあいだの現段階におけるもっとも有効な平和運動となりつつある。〝スターリン農法〟が実際の増収によってひろまってゆくことは、農民のあいだの反ソ反共煽動にたいして、もっとも有力な武器になっている。(5)「労働者などの農村工作者が、農民に党の新綱領を理解させるのに、ミチューリン農法は何よりも有効である。」

以上のような菊池のミチューリン運動推進の弁に、さっそくかみついたのはやはり吉岡金市だった。「ヤロビ主義の主観主義と経験主義と教条主義は、〝政治主義〟におちいるのが常である。」「ミチューリン・ルィセンコ学説を政治的に利用しようとするのは、もっとも低級な〝政治家〟だけである。今日の日本においては、ミチューリン・ルィセンコ学説から、このような政治のベールをはぎとって、その科学的意義をあきらかにすることが特に必要なのである。けだし、そうすることによって、はじめてミチューリン・ルィセンコ農業生物学が正しく解明されるからである。」(『日本のミチューリン農法』一九五四)

ミチューリン運動を「農村工作運動」の一環としてとらえる発想法が、科学者をこの運動にひきよせるためにはマイナスであったことは事実である。松尾孝嶺は、「この問題が、どちらかというと政治的にとりあげられすぎているために、気の弱い科学者は、この問題にとりくむことを尻込みしているように見受けられ」(『農業朝日』一九五三年六月号)ると、一般科学者層の気持を代弁している。

このような批判に菊池は、共産党理論機関誌『前衛』八九号(一九五四)で答えた。ミチューリン運動において「もっとも大切なことは、この運動は農民自身の生産と生活をまもる運動」だということであり、「そのために農民を統一行動にひろく結合させるだけでなく……科学技術専門家は正しい技術と国民科学をうちたてる要求で、労働者は農民と労働者の理解と結合をふかめ、労農同盟をおしすすめるひとつの手がかりとして、文学者芸術家は農民の意識変革の傾向をまなびそれに協力する角度で、この運動に参加しつつある。」一九五一年綱領でとくに強く要求されていた土地解放闘争との結合については菊池は、「農民がミチューリン農法によって今までものがとれなかった所でとれる可能性を見出し、山林解放の要求を一層現実化させることになる」と主張している。

この菊池の見解は、ミチューリン運動に参加した多くの共産党員や活動家によって、実質的に強く支えられていた。ミチューリン運動の文集『緑の教室』（一九五四）には、そのような声が多くよせられている。たとえば、佐渡の基地反対闘争の中心となっている活動家の「俺たちもミチューリン農法で土地への執着を強めることができれば、土地買収からくる農民の動揺を防ぐことができるわけだ」という意見、秋田の農村の活動家の、土地闘争や肥料、農機の価格闘争を勝ちとるために「農民の私はヤロビという農民独特の武器をもって、この闘いをやるのだ」という宣言などがつたえられている。

ここで、菊池も吉岡もともに一方的だという主張をもってあらわれたのは斎藤一雄である。斎藤は、この本の第四章で沼田真とともに、『生物学史』の著者として登場している。かれは言う。「この運動を、科学技術主義や農民運動からのみ一方的に批判するということは、少なくとも大きな的をはずれたものとなるであろう。そのいずれを除いてもこの運動は成功しない。そのことは……菊池謙一氏と吉岡金市氏との論争経過にもあらわれている。……科学的操作に潔癖なあまり、また政治的方向を嫌悪するあまり、農民達の実験方法や主張の未熟さから、農民の研究意欲とそれを支えている学説を非難することは、不幸なことであり本質的には正しくないであろう」（『生物科学』一九五四年第二号）。かくて斎藤は、前述の松尾の意見と逆に科学者の側に勇気を要求するのだ。

共産党の見解

一九五二〜五三年頃からミチューリン運動の発展に、組織的に力を注いできた日本共産党は、菊池－吉岡論争においては、この章のはじめに述べたことから想像できる通り、菊池の意見を支持した。

一九五二年に発表された「当面の文化闘争と文化戦線統一のためのわが党の任務」は、「農民問題の重要性については新綱領があきらかにしている……にもかかわらず、文化運動では大きなたちおくれを示している」と自己批判し、農村文化運動を発展させるために注意すべき点のひとつとして「農業技術に興味をもつものは中農以上の層だというので、これを軽視するような誤った傾向が全国各地にみられる」と指摘した。そして、「麦間直播法やミチューリン・ルィセンコ学説による稲作実験の普及について、われわれも積極的に努力しなくてはならない。とくに後者は、ソビエト科学と日本農民の結合という点からも重視する必要がある」と述べている。

菊池－吉岡論争が開始されたあとでは、『前衛』編集部（一九五四）は、「ミチューリン運動をつらぬく太い線として〝農民の生産と生活をまもる運動〟という最も本質的な性格をしっかりとつかんでおく必要がある」、そして「中貧農が助けあうことによって農民運動の統一行動を促進すること、労農同盟を呼びおこしつよめること、などもミチューリン運動の重要な一面だ」と主張し、この運動が基本的には、農民運動でなければならないとする立場を明らかにして菊池を支持した。これにさきだって一九五三年九月にだされた農村工作ビューローの非合法機関紙「農民組織者」八号もほぼ同じ見解を明示した。

ところが一九五五年七月、ミチューリン運動の進展と不可分の関係にあった日本共産党の農業理論と、これにもとづく農民運動の方針が一挙にくずれさる時がやってきた。日本共産党第六回全国協議会（六全協）の開催がそれであった。それまで、農地改革をごまかしと評し、反封建地主闘争を基調とした共産党の指導は、現実に農民がおかれている状態からうきあがり、農民運動は沈滞をつづけていたのだが、この六全協は農民運動の弱体を率直に確認した。つづいて一九五六年四月の六中総で作成された「当面の農民運動の方針（案）」では、農地改革の結果、寄生地主的土地所有が排除されて「農民的土地所有」

が拡大され、農民の闘争の対象は、アメリカの占領支配と独占資本の収奪にあるとみとめた。実はこの新しい方針は、茨城県の常東農民組合が、一九五二年以来共産党からの非難や圧迫に抗して主張しつづけていた理論と一致するものであり、またこの理論にもとづき、常東農民組合は農民運動の全国的退潮をよそに、独自の貴重な闘争体験をつみかさねつつあった。

共産党のミチューリン運動の指導に対する批判も、常東農民組合の本拠である茨城県の日共西部地区委員会からだされた。やや長文になるが、重要な資料なので引用しよう。「ミチューリン運動は階級闘争ではない。またミチューリン運動の主たる基盤は中農層である。したがって……この運動と組織をつうじて、貧農とむすびついたり、税金や土地かくとくなどの要求をとりあげたりすることはできない。われわれのなかには、ミチューリン運動をどこまでもすすめてゆくならば、やがては税金や土地かくとくの問題にぶつかるという考えがある。このような考えは、ミチューリン運動主義でありミチューリン運動をセクト化する。また、ミチューリン運動だけで、全国的に農民の思想をかえ、階級的自覚をたかめようとのぞむのはゆきすぎである。なぜなら、今日の階級社会においては、階級闘争をぬきにして、自然科学だけで人間の思想を根本的に変革したり、階級意識をたかめたりすることはできないからである」（『前衛』一九五六年一一七号）

むすび

この章で紹介したいくつかの論争の根底には、第一に、生物科学と農業生産との関係、第二に、農民の技術的要求と階級闘争との関係をめぐる理解の相違がある。そこでここでは、この二点について論じることにする。

生産と実験

ミチューリン運動が誕生する前から、ルィセンコ派は「実験でまけて理論でかった」とみずから評した通り、理論偏重、相対的に言えば実験軽視の傾向があった。したがって「ミチューリン農法の本を数冊よめば、農民の中へ入るべきだ」という主張の裏には農民とともに学ぼうとする態度以外に、この農法、少なくともその基本になっているミチューリン・ルィセンコの学説は、実験するまでもなく「理論的にいって」正しいはずだ、という信念がある。あとは農業生産の中で具体化するという考えである。

また一方、生物学は農業生産に役立たなければ存在価値がないし、またその学説の正否は、農業生産のなかでこそ実証されるという、卑俗な実用主義も、ルィセンコ派のなかではかなり影響力をもった思想であった。こうして実験は、「理論」と「生産」から挟撃され、ますます肩身がせまいものになってゆく。

理論偏重および正統主義については、前章ですでに論評したから、科学と生産の関係について考察してみよう。科学はもともと、生産の知識の断片から発生したものであるが、生産上の実効は、多くの要因や条件が複合されて生じるので、それが自然の基礎的な法則に関する仮説の正否を、ただちに決めることはできない。そのことは、何人かの正統遺伝学者が指摘している通りである。たとえば、一定の条件でヤロビ処理による増収が可能であるとしても、実際の農作では処理中および処理前後の条件が場合によってちがってくることは不可避である。そのため、さまざまの結果がでることも当然である。この当然の事実が、いわゆる「ヤロビ主義」に対する警告になった。他の条件をコントロールしなければ、低温処理と収量増加との因果関係は決してつかめない。そこで、農作の実地をはなれた実験が必要になってくる。実験によって低温処理と収量との関係がつかまれてはじめて、いろいろ異なった条件のもとでの農作への応用ができるようになる。

現在の社会的条件ではこのような実験を、農民の手で実行することはできない。それであればこそ、生物科学者とくに農学者は、数冊の本を読んで農民の中へ入ることではなく、農民の提起した問題を受けとめ、その問題の解決をたすけるために、実験をまちがいなく行うことを、かれらの責任として確認しなければならなかったのである。実験は、生産にとってはひとつの迂回であるが、この迂回によって、生産に損害をあたえることなしに生産の著しい進歩が可能になる。

ミチューリン運動と農民意識の変革

ミチューリン生物学の方法が弁証法的唯物論であるから、その実践を通じて農民の意識は変革され、かれらは世界観としての弁証法的唯物論をわがものにして階級意識にめざめる、と菊池たちは主張した。また、ソ連の生物学を日本の農民のなかに普及すれば、ソ連に対する友好的な態度をかれらがもつようになり、これが平和運動になる、とも菊池たちは言っている。

菊池一派が、ミチューリン運動を農民の階級的な運動だとする根拠の一半は、上述のような具合で、戦争中および戦争直後、進歩的生物学者がルィセンコ学説を受けいれた筋書きを、ちょうど逆にしたものであった。実践から断たれた生物学者たちにとって、その方法が唯物論的であり弁証法的であること、それが社会主義の国ソ連における農業の発展に不可分に結合していること、これらの事実は、ミチューリン・ルィセンコ学説の基本的な正しさを十分に証明するものであると思われた。このような、かつて進歩的生物学者の思想コースが、実践からの遮断によってもたらされた空の上での革命であるなら、戦後の農民に期待された裏がえしの途は、農民運動の沈滞が一部の指導者たちにあたえた幻想の革命コースであった。いずれの場合もこれらのコースには、階級闘争の独自の努力が入り込んでいない。しかし、農民にしろ科学者にしろ、本当にその意識を変え、かつ進歩的に機能するためには、政治的な闘いのなかにみずからの身をおかねばならない。

第六章　斜陽に立つ

後退の原因

ミチューリン運動の衰退

日本におけるミチューリン・ルィセンコ学説は、一九五四年を絶頂にして急速に影響力を失ってゆく。五七年以後は、科学雑誌もほとんどこれをとりあげることがなくなる。このわずか二、三年の変貌の原因はどこにあるのだろうか。

まず第一の原因は、この学説を実践的に支えてきたミチューリン運動の衰退である。この衰退自身は、ひとつには前章で示したように、共産党の六全協にもとづく農民運動と文化運動の方針転換によるものであった。これに加えて、一九五五年ごろから日本の資本主義が、例の高成長とよばれる構造変動期に入り、農業においてもかつてなかった著しい変化がもたらされたことも、ミチューリン運動に顕著な影響をあたえた。

とくに、昭和のはじめから、一〇〇〇万トンの壁をほとんどやぶることができなかった米作において、一九五五年にはじめてこの壁は大きくやぶられ、そののちもこの状態が継続し、一二〇〇万トンが平年作化しつつある。反当収量について言うと、一九四九年から五八年までの一〇年間に約二五％増加し、労働時間あたりの生産量は約五〇％上昇した。このおどろくべき生産力水準の上昇は、土地改良事業の進展、動力農機具、新農薬、低温折衷苗代の普及、品種改良、多肥農業の発達などによってもたらされたものであり、ヤロビ処理による不確実な増収は完全に圧倒されるにいたった。そうでなくてさえ、前章で述べたように、ミチューリン農法が貧農の農法としての魅力を失いつつあったのだから、ミチューリン運動の技術的基盤はほとんどあとかたもないほど掘りくずされてしまったことになる。一方、一二〇〇万トンの平年作化をもたらした上述の諸要因は、ミチューリン運動の指導者たちによって、富農的・官僚的農法として排斥されてきた技術だったのである。

かてて加えて、耕地所有面積がすくないいわゆる貧農が、この構造変動にゆすぶられて農業を放棄する傾向があらわれた。急激な成長を見せつつあった重化学工業が、これらの農民を吸収し、専業農家は減って第二種兼業農家が激増し、ついには家をあげて完全離農にまで徹するものもかなり多くなってきた。小農貧農にとっては、せまい耕地では効率がわるい新技術を導入して、なまじっかの農業所得を期待するよりは、農業外所得にたよった方がかえって収入がよかった。たとえば一九五四年においてすでに、五反未満の階層で一五歳以上常住家族員一人あたり可処分所得は七万五千円であったのに、五〜一〇反階層では七万一千円、一〇〜一五反の階層でも七万四千円であった。こうなると、貧農層が、ミチューリン農法をふくめて農業技術一般に無関心になるのも無理がない。

遺伝学の進歩

ミチューリン・ルィセンコ学説の人気をおとろえさせた第二の原因として、メンデル・モルガンの流

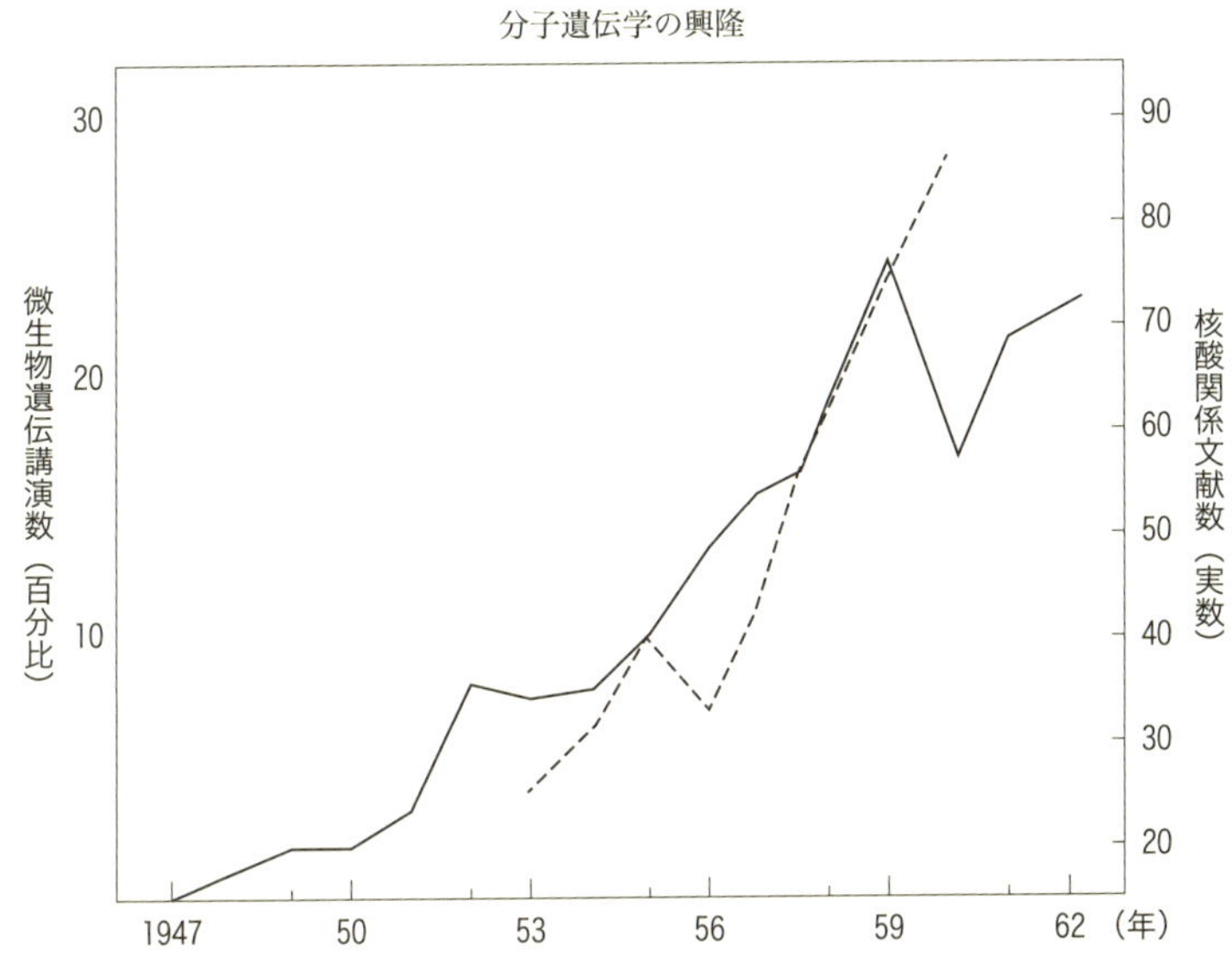

実線は各年度遺伝学会大会講演のうち微生物を材料としたものの百分比（『遺伝学雑誌』による）．点線は，日本の雑誌に掲載された核酸関係文献の実数（『雑誌記事索引』による）

れをくむいわゆる現代遺伝学の興隆を考慮にいれなければならない。ルイセンコ派が批判の対象にしていた旧式のメンデル遺伝学の時代は終わりをつげ、遺伝現象の分子水準での解明に向かった遺伝生化学や分子遺伝学、遺伝物質と細胞分化とのつながりをつかもうという発生遺伝学などが嵐のような勢いで進歩しはじめ、この新しい分野が、若い遺伝学者、生物学者の心をとらえ、ミチューリン学説に「新しさ」の魅力がうすれていった。上の図の実線は、遺伝学会の一般講演のうち微生物をあつかった研究の百分比の変化を示したものである。新興の遺伝生化学、分子遺伝学は微生物を材料として、著しく進歩した。またこの図の点線は、日本で発行されている雑誌に掲載された、核酸に関する文献数の変化を示している。核酸は遺伝子の実体であり、分子遺伝学においては、その構造、機能、生合成の機構に研究の焦点がしぼられた。したがって、この図は、これら遺伝学の新興分野の急激な成長ぶりをうつしだしていると言ってよいであろう。

ルィセンコ声価失墜説

ミチューリン・ルィセンコ学説の後退をうながした第三の要因は、ソ連におけるルィセンコのアカデミー総裁辞任と、これに前後して公表されたバビロフの名誉回復という衝撃的な事件であった。

ミチューリン運動が全盛を誇っていた一九五四年頃からすでに、ソ連でルィセンコの権威が失墜しつつあるという風評が、わが国にもつたわった。このうわさは、ひとつには同年二月、フルシチョフ第一書記が穀類生産の不振を指摘したことに関連している。三月二三日の夕刊はこの演説から、ルィセンコは農業不振の責任を負わされて、かれの説は無視されることになるかもしれない、と推測した。これとともに、「ドミトリエフの博士号事件」が新聞紙上に報道された。前農林次官であるが、生物学とは縁遠いはずのドミトリエフが、ルィセンコの支持のもとに、種の転化説を論証した学位論文をだした。その内容は科学的根拠を欠くものであったにもかかわらず、ルィセンコは、強引にドミトリエフに博士号をあたえようとした。この事件はソ連共産党機関紙『プラウダ』でとりあげられて真相が明らかにされ、ドミトリエフの学位はおじゃんになってしまった。

つづいてソ連中央委員会機関誌『コムニスト』一九五四年五月号は、巻頭に「科学と生活」と題する無署名論文をのせた。これは、ドミトリエフ事件のほか、種の転化説を批判したトゥルビンの論文が、正当な科学的論議を通じてでなく、かれに「ワイズマン・モルガン派だとか、マルクス・レーニン主義を俗流化するものだとか、その他いろいろなレッテル」をはりつけることによって、抑えられた事実を明るみにだした。そして「自由な、内容に即した論議の行われる環境、同志的な討論、創造的な競争の行われる環境がなければ、科学を前進させることはできない」と、結論された。この『コムニスト』論文は、『思想』に翻訳転載されたので、ルィセンコの声価失墜説が、あながちでたらめではない、という印象を人びとにあたえた。

それまでも、反ルィセンコ宣伝の本拠として活躍してきた『遺伝』は、さっそく『ルィセンコ批判特集号』（一九五四年九月号）を編集し、日本のミチューリン・ルィセンコ派に追いうちをかけようとした。執筆陣は、三宅驥一（きいち）、駒井卓、竹中要、田中義麿、吉川秀男という顔ぶれである。

駒井は、ルィセンコ没落の日が近づいたことをよろこび、日本のルィセンコ論争をふりかえって、「こんなにルィセンコやヤロビ農法が流行するのは、パチンコや女の子のヘップバーンと同じようなわけによるものと考えざるをえなくなった」と当時のかれの心境を語っている。この駒井の回想は、保守的な正統遺伝学者のルィセンコ論争観をきわめて要領よくあらわしている。かれはまた、同じ特集号に「ルィセンコの似而非遺伝学」という論文を書いた竹中とともに、ルィセンコ学説の批判にとどまらず、ルィセンコの人身攻撃にまで筆をすすめた。「異常心理者、狂信者、正気の人物でない、神がかり」（駒井）、「〝毒を食わば皿まで〟の街道を突進する狂乱の男。」（竹中）

田中は、イギリスの抄録誌によって、一九五二〜五三年にソ連で発表された遺伝進化関係論文を紹介し、ルィセンコの種の転化説をめぐる甲論乙駁の状態を読者に示した。

吉川は、ネズミ、昆虫、細菌の薬剤耐性に関する自分のグループの研究にもとづいて、これらの生物の耐性獲得は、薬剤に強い系統が生き残るためであり、獲得形質の遺伝説は全く不利であると主張して、次のように日本のルィセンコ派に対する怒りをぶちまけている。日本におけるミチューリン派の人びとの大部分は「生物学とくに遺伝学に関する知識の乏しいにもかかわらず、既成学説に対する反発や特定の主義に対する盲信、同調、へつらい、気がね、恐怖などからルィセンコイズムに左袒していたにすぎない。したがって彼らの多くはソ連の情勢いかんにより、顧みて他をいうか、あるいは沈黙してしまうに違いない。事実最近では、ソ連の動向に迎合して主眼を官僚主義の排撃にすりかえようとしている人もある。しかし彼らの中で特に甚だしい害毒を流してきたものは、嘗って生物学および遺伝学を専攻しながら、にわかにルィセンコイズムを謳歌し、反動、資本主義、御用学者らの言辞をもって良心的な遺伝学者を萎縮させようとした人びとである。しかし本当のことをいえば、彼らこそ自己の専門とした領域の開拓に失敗し、しかも責任を自らの力に帰して反省しようともせず、かえって自己の無能をメンデリズムに転嫁し、それを誹謗することによって己れの社会的生命を保持しようと試みた人たちである。このような人物の影響をうけてメンデリズムに対し懐疑の念を抱き、真に進歩的な科学がどのようなものであるかを見失おうとする若い人びとはまことに気の毒である。これらの人びとに勇気と希望を与えることは、われわれに課せられた務めの一つであろうと思われる。」

以上のような正統派の総攻撃に、ルィセンコ派は、ルィセンコ失墜説はデマだということで応戦した。なかでもソ連をあいついで訪問した柘植秀臣、松浦一、福島要一、菊池謙一らは、ほとんど口裏を合わせたようにルィセンコ失墜説は事実に合わないとこの噂を否定した。しかし同時に、ルィセンコがかれらに語った「科学を西欧とか東洋とか、または特定の国のものだとか区別することは正しくない。自然科学の対象は、階級とか人間とかに依存しない。」「どんどん染色体の仕事をしてください。われわれは染色体についてもっと多くのことを知りたい」というような言葉は、ルィセンコ自身の意見の変化をうつしだしていた。そしてこの変化の裏には、しばしば指摘されたような研究行政における官僚主義の後退がうかがわれた。とくに、二つの生物学を二つの世界に対応させ、ブルジョア生物学、資本主義の召使などといった類のレッテルを、やたらに正統派にはりつけていた従来のルィセンコの挙動から考えると、ソ連の生物学界に雪どけの時期が到来したことは、ほとんどまちがいないものと思われた。

ルィセンコのアカデミー総裁辞任

まさにその時、一九五六年四月四日の新聞は、ソ連でバビロフの名誉回復が宣せられ、その著書が再刊されるはこびになったと報道した。バビロフは、第一章、第三章で述べたようにルィセンコの最初の論敵であり、かれが追放されたとか、獄死したとかいう噂が絶えなかった。この報道を追いかけるようにして、九日、ルィセンコが農業科学アカデミー総裁の地位を辞したという知らせが伝わった。

この衝撃的な報道に、ミチューリン・ルィセンコ論争の立役者たちは、ただちに反応を示し、各紙誌はかれらの意見を一斉に掲載した。ルィセンコ派とされていた人たちの態度は三つにわけられる。

第一の類型は、役職の交代はどこにでもある平凡なできごとであって、それ以上の意味を付与するのはデッチアゲだとする態度であった。まず菊池（『アカハタ』四月一六日号）いわく。各新聞の報道は、ルィセンコの学説と地位が「スターリン時代の政治の科学に対する干渉で保たれたかのように思わせ」、さらにルィセンコ学説があやまりでメンデリズムがソ連で復活するように思わせることによって、日本の農民や科学者の農業上の実践や実験を動揺させようとするものである。このように息巻いたのち菊池は、ルィセンコ辞任の理由を説明して言う。「ルィセンコは行政上の仕事よりも研究に全力を注ぎたい、ということではなかろうか。」

柘植（『図書新聞』六月二日号）の意見も同じ型のものだった。「批判＝追放と考える人は、ソ連における批判というものの実際がわからない」のであり、ソ連では学問的な相互批判が常識で、ルィセンコ騒ぎはおかしい、というのがかれの意見である。

第二の類型は、ミチューリン・ルィセンコの学説自体にはあやまりはないが、農業行政や科学行政にあやまりがあった、とする見解である。福島、松浦などがこのグループに属する。福島（『朝日新聞』四月一二日号）は、「ルィセンコの業績にすぐれたものが多かったことは、世間に認められているところである」が、バビロフが「復活し、ルィセンコが批判されたとすれば、追放が苛酷であったこと、またルィセンコの当時の態度が正しくなかったことが明らかであり、そういう点から考えて私自身としては、やはり権威に甘かったという非難を甘受しなければならない」、と自己批判した。

松浦（『生物科学』一九五六年四号）は、「こんどの問題は学問そのものの内容から起ったのではなく……生産面の責任者である人が農業生産の計画的遂行にそごを来したこと、学問のありかたが、いままであまりに閉鎖的であったこと」がルィセンコ辞任の理由だ、とした。

第三に、福島、松浦と基本的には同じ立場にありながら、ややニュアンスを異にするのが八杉竜一、木戸良雄（＝伊藤嘉昭）、長塚義男らの見解である。つまり、ミチューリン主義は正しいが、たんなる行政や学問のあり方だけの問題ではなく、これと関連してルィセンコ説の個々の内容にも再検討さるべき部分があるし、そうすることによってかえって、ミチューリン主義が正しい方向に発展する、という考え方である。

八杉（『毎日新聞』四月一一日号、『図書新聞』四月二一日号）の意見は次の通り。「新しい思想や学説は、その創始から日を経るにつれて、創始者自身および亜流によって固定され硬化することが多い。しかも、そうなってからかえって学界の政治的な力となることがしばしばある。ルィセンコの生物学もその道をふんでしまったのではないか。」ルィセンコの辞任はこのような学問の硬化から脱するために「自由な学術的討議をおこなうべきだというソ連の空気ないし要求を背景としている。」したがって「ルィセンコ学説の根本的なものがまちがっているとは思わない」が「その発展過程で個々のまちがいが生じたことは否定できない。」

長塚（『生物科学』一九五六年四号）もほぼ八杉と同じ意見を述べたのち菊池の見解をとりあげ「方法の偏向が官僚主義の根源であり、官僚主義がまた学説を歪曲しているのだから……こういう現実を深く反省しないで、菊池氏のように安易な考え方でその場をつくろえば、後日再び同様な誤りを犯さないとも限らない」ときびしく警告した。

木戸（＝伊藤）（『自然』六月号）も、バビロフ復活事件の「正しい見方とは、⑴ソビエト科学界はたしかに一時犯したあやまちをなおしつつあり、⑵にもかかわらず、その中でのミチューリン主義の地位は不変だということだ」と主張した。ソ連科学界のあやまりについても、学説の内容、方法、あり方など詳しく具体的に論じているが、このことについては後節でとりあげる。

『自然』は七月号でも、徳田御稔の他、経済学者の木原正雄に大学院、学部の学生をまじえて、この問題の座談会をこころみたが、徳田、木原の発言には新味がなく、むしろ学生たちが、ソ連の一九四八年論争のあり方にさかのぼり、その非説得性を批判したことが注目される。

最後に松田道雄の意見を聞いてみよう。かれは現在では『私は赤ちゃん』などの著者として有名な医学者であるが、同時にユニークな進歩的思想家としても知られている。かれはルィセンコ学説の日本への紹介の仕方に問題をしぼり、ルィセンコ紹介者たちにとっては、「日本の学問をたかめるということよりも、マルクス・レーニン主義の正当性を明らかにするということのほうが主題であるかのように見えた」と感想を述べ、「〝進歩派〟のなかのせっかちな人をとらえるこのマルクス・レーニン主義の正当性を証明してみせたいという衝動はどこから来るか」と反問して、次のようにみずから答える。「主観的には、かれらがマルクス・レーニン主義を信じ〝理論の党派性〟のためにたたかい、そのたたかいに成功することによって、相手と観衆とを自己の側に帰依させ得ると思っているからだろう。」ところが日本では、〝理論の党派性〟は勤労大衆の利益を守ることとはとられなかった。〝汝はマルクス・レーニン主義を学んでいる。それすなわち日本共産党の組織の拡大強化に加担しているのである〟という治安維持法の論理が、そのまま日本共産党の論理と化し、〝マルクス・レーニン主義の正当性を主張するからには、日本共産党に組織的につらなるべきである〟さらに〝日本共産党はコミンテルンの一支部なのだから、理論の正当性はとどのつまりモスクワにつらなるべきである。〟こうして、ソビエトの公式理論の一切は、これを擁護するのが正しいという考えが生まれた。この論理がルィセンコ紹介の態度にもあらわれ、日本の学問の進歩をおくらせることによって、勤労人民に不利益な結果となり、したがって党派性を守れなかったのだ。（『自然』九月号）

正統派からは、駒井（『読売新聞』四月一六日号）、佐藤重平（『朝日新聞』四月一二日号）、吉川（『科学読売』五月号）が立ち、ソ連における遺伝学の回復をよろこんだが、すでに紹介した『遺伝』特集号以上の論旨は見られないので、ここでくわしくふれる必要はあるまい。

ルィセンコ学説の再検討

遺伝子の存在

以上のような諸事件を契機として、ルィセンコ学説やミチューリン運動を再検討しようという動きが、生物学者の間にあらわれてきた。そこで、この節では、一九五六年以後、ルィセンコ学説について述べられた諸家の意見に一瞥を加えてみることにする。まず、遺伝子の存在およびその実体をめぐって。

ルィセンコは、生命の特別の器官がないのと同様に、遺伝の特別の器官はないと主張し、遺伝子の存在をみとめない。しかしそののち、さまざまの方向からの追究によって、遺伝子の実体がDNA（デオキシリボ核酸）であることは、うたがう余地のない事実となってきた。第三章で述べたように、一九五〇年までに、(1)細菌の形質転換がDNAによること、(2)DNAが蛋白合成に関与していること、(3)DNAは核にふくまれており、その含量は種特異的に決まって一定であること、(4)唾腺染色体では、遺伝子があるとされていた部分にDNAが局在すること、などがわかっていた。

そののち一九五二年、ジンダーとリーダーバーグは、ファージがなかだちして細菌のDNAが他の細菌内にもちこまれ、その遺伝的性質を変える事実、すなわち形質導入とよばれる現象を発見した。またウーレイ（一九四四）以来、DNAの有機塩基に似た分子構造をもつ物質、たとえばブロムウラシルなどで、変異がひきおこされることがわかっており、とくにこの方面での研究は一九五〇年代後半になって著しく進められた。さらに、一九六一年以後、ニーレンバーグ一派やオチョア一派の努力によって、

RNA（結局はDNA）における有機塩基の種類と配列順序が、合成される蛋白質の特異性、すなわちアミノ酸の種類と配列順序を決定することが実証された。ただしこのことは、ガモフ（一九五五）、クリック（一九五八）によってつとに予告されていた。

吉川秀男（『科学』一九五六年第三号）は以上のような分子遺伝学の成果を述べて、これらの研究は「専門的な遺伝学者よりもむしろ公平な立場にある化学者や細菌学者の手によって開拓されてきたものであり……かくてメンデリストたちの予言は、大体において正しいということが化学的にも証明されるようになってきた」と論じた。

宇佐美正一郎（『思想』一九五七年三月号）は、上記の形質転換、形質導入などをあげ、これらのことから「メンデル・モルガン学派は、最近は核酸を遺伝子の実体と仮定している。しかし勿論このことは、まだ実験的には証明されていない」のみならず「この考え方も、方法論的には遺伝子を核酸という生化学的実体におきかえ」ただけなので、遺伝子説の現代的形態であり、機械論的偏向が明らかだ、と吉川のような意見を排撃し、ルィセンコ的解釈を固執した。

宇佐美は、遺伝子の実体が核酸だという仮説はまだ証明されていない、と主張しているが一九五七年の時期を考えても、アウト・オブ・デイトな理解であった。そうでなくとも現在、さきの「仮説」がたしかであることは明白となっている。機械論よばわりにもとづく、遺伝子＝核酸説の否定は、宇佐美の思想が予測において失敗し、その非生産性を明らかにしたことを意味する。

佐藤七郎（武谷編『自然科学概論』第二巻一九六〇）も、分子遺伝学の成果は、「すくなくもある種の形質にかんしては、それがDNAによって基本的に伝達されるものであることを証明するのに十分である。その限りでは、（メンデルの法則）再発見いごのメンデル遺伝学の発展はまことに健全であったといえる」

と認めながら、メンデルの法則が末梢的な形質についてしか適用できないという批判の意味がなくなったわけではない、と念をおす。

しかしＤＮＡの特異性が蛋白質の特異性を決める、という事実は、ＤＮＡが末梢的な形質だけでなく、生命現象の特異性を基本的には決めることを意味している。したがって佐藤が「すくなくもある種の形質」がＤＮＡの特異性に依存することを認めたからには、「メンデル遺伝学の健全さ」を保留することなく受けいれざるを得なくなるはずである。事実別の論文（『アカハタ』一九六二年一二月二七日号）で佐藤は言う。遺伝とよばれる「形質伝達作用は、ＤＮＡという物質によってなされる。その四種類の塩基のならび方が……蛋白質の種類をきめる。蛋白質の種類がきまればその細胞の性質はきまる。細胞の性質がきまれば、けっきょく生物の形質がきまってくる。」

獲得形質の遺伝

吉川は、微生物や昆虫の薬剤耐性を獲得形質遺伝の例として、ルィセンコ派がひきあいにだすのはまちがいであり、これは突然変異と選択によるものであると、機会あるごとに力説してきたが、渡辺力（『生物科学』一九五六年第四号）も、同じ趣旨の発言を行っている。しかしルィセンコ派の生物学者は、吉川や渡辺などの批判にただちに屈伏したわけではなかった。

佐藤（『自然科学概論』第二巻一九六〇年）は、次のふたつの理由で、微生物における獲得形質遺伝は否定できないと論じた。第一に、細菌で獲得形質遺伝の有無を検討するためには、菌体がまったく分裂しないという条件のもとで薬剤を作用させ、次に菌体に分裂を許すときには外囲に薬剤がまったく存在しないようにして、突然変異がおこる確率をゼロにして実験を行わなければならないが、これは今のところ技術的に不可能であるからであり、第二に「細菌での抵抗性獲得が突然変異によるものであったにしても、そのことを多細胞生物にもちこむことはできない。細菌の突然変異は多細胞生物の体細胞突然変異に相当するにすぎない」からである。

しかしながら、佐藤はルリアとデルブリュックの揺動実験やリーダーバーグのレプリカ法を具体的に吟味していない。とくにレプリカ法によれば、薬剤に全くふれさせずに、耐性菌を検出し、とりだし、培養することができる。また、薬剤耐性の遺伝が獲得性でないことは、多細胞生物である昆虫においても実証されている。なお蛇足になるが、微生物の薬剤耐性獲得の少なくとも一部は、エピゾーム、すなわち染色体から独立して自己増殖をするDNA分子の伝達によることが、日本人の研究者たち（さきほどの渡辺もそのひとりである）の手で、明らかになってきている。

このように微生物の遺伝の説明において、ルイセンコ派の旗色はしだいに不利になってきたが、薬剤耐性以外の場合で、なお強い抵抗を示した。鎮目恭夫（しずめやすお）（『生物科学』一九五六年第四号）は、薬剤耐性のように生物体の生活に直接関係ない性質とことなり、「接木とかヤロビのように生物の生活に非常に関係のある変化は、その影響がDNAにまで及ぶのではないか」と発言している。また、徳田御稔、伊藤嘉昭、佐藤は、DNAによる細菌の形質転換が獲得形質遺伝の一例であると主張した。

これらの発言から、遺伝現象の物質的基礎がDNAであることを半ばみとめた上で、つまり外濠をうめるという条件で、かろうじて獲得形質遺伝の主張という内濠だけを保持せざるをえないところまで、ルイセンコ派が後退しつつある状態をうかがい見ることができる。

そこで渡辺（『生物科学』一九五六年第四号）はかれらを追撃して、形質転換の現象は「DNAが細胞質に影響して遺伝子を変えるのではなく、DNAが遺伝子そのものであって、それが入りこむために遺伝性が変るのだ」から、遺伝子を否定するルィセンコ説の証左にはならない、と論じた。吉川（『科学』一九五六年第三号）もほぼこれと同じ趣旨の発言をこころみ、正統派を擁護した。

伊藤（『生物科学』一九五六年第四号）はまた農作物について、この問題の検討を行い、獲得形質遺伝の可能性が強い例として、⑴イネの純系を各地から集めると、もとが同じであるのに変異が多く、この変異は普通考えられている突然変異率によっては説明しがたいという永松土巳の研究、⑵イネの穂の一部を切りとることによって新品種の育成に成功した例（このような現象は継続変異で、数代で消える例が多いが、固定されれば獲得性遺伝と言える）などをあげた。それとともに「一方、獲得形質の遺伝をみとめようとする人達は、一般に集団遺伝学の理解が少なく、適応が方向性をもった変異ではなく淘汰によったものだという疑いを完全に排除しえない」と伊藤はルィセンコ派の弱点をあげ、「この点をはっきりさせることが論争を解決する基礎である」と主張した。

ルィセンコ派の自己批判としてユニークであったのは鎮目の所説である。かれは、一九五五年『科学』（第一一号）に「ルィセンコ理論の物理的基礎？」と題する論文をよせ、その中でルィセンコ理論では、原子の世界の熱運動的偶然性をなかだちにして、酵素系の運動形態の変化がもたらされるしくみになっているが、メンデル体系では、原子世界の熱運動的偶然性がそのまま一挙に個体に拡大されている、と両者を対比し、生物のレベルは、原子の力学では大きすぎ、不可逆過程の熱力学が扱うには微視的すぎる分野であるにもかかわらず、反ルィセンコ派の生物学者は時代おくれの物理学をモデルにした遺伝学理論にしがみついている、と正統遺伝学者をたたいている。つまり、原子レベルの無方向的な偶然的変化が、酵素系ひいては個体レベルでの方向性をあたえるという立体的な論理をルィセンコ派はもっているが、メンデル体系にはこれがないと言うのであろう。

ところが一九五八年の鎮目（『自然』四月号）は、三年前にメンデル体系を攻めたてた時と同じ論理の刃を、こんどはルィセンコ理論に突きつけた。ルィセンコ派は、個体レベルでの無方向の変化が、集団レベルでの方向づけられた変化をもたらす、という可能性を考慮しない、とかれは次のように嘆くのである。ルィセンコ派が「環境に対する生物の適応現象を論じる場合、個々の個体が生育過程で適応したのか、集団全体としての増殖過程で、適者生存により統計的な適応現象が現われたのか、という吟味にかなり無神経だった。」鎮目は、この「無神経さ」の指摘にとどまらず、その裏には社会的および思想的な背景があるのだと主張した。まず「進化論にせよ育種学にせよ、生物の個体の運命と集団の運命との区別を軽視するメンタリティーは、ソ連の政治と思想が、スターリン時代に明らかに全体主義的色彩を深めていったことと相互関連があるとみるべきだろう。」あとひとつこれに関係して「マルクス主義経済学者やルィセンコ学派に、近代的な確率論・統計数学の基本的な観念に乏しい」ばかりか、かれらがしばしばこれに反発したことが、マルクス主義が必然主義史観と誤解を受ける原因のひとつになった。ルィセンコ派が、集団全体としての統計的な適応の可能性を無視する傾向があったのも、このことと関係がある。

こうしてかつて、メンデル・モルガン遺伝学が、資本主義の、とくにファシズムがうたった民族主義の反映だとルィセンコ派から決めつけられたように、今やミチューリン・ルィセンコの遺伝学がスターリンの全体主義の反映だと、ルィセンコに同情的態度を示した人から糾弾される時代がやってきたのである。

栄養雑種

吉川（『科学』一九五六年第三号）は、栄養雑種とよばれる現象があることは、おそらくまちがいなかろう、とみとめたが、これは「メンデリズムを否定したことにはならない。問題はむしろこのような現象がおこる機構の解明にかかっている」と考え、次のいくつかの可能性をあげる。(1)異なった系統のカビの核が融合し、その相同染色体間に遺伝子組換えが生じ、それが再分離する側性組換えに似た現象である。(2)接穂と台木の間にアルカロイドの交流が行われ、これが突然変異を誘起する。(3)形質転換や形質導入による変異の誘発、がそれである。なお篠遠喜人が「働き手」説を主張したことについては第五章で述べた。

飯島衛（『生物科学』一九五六年第四号）は、吉川の説明は納得しがたいが、メンデル・モルガン派が、ビールスやモリブデン酸などを栄養雑種の「働き手」として仮定すること自体、遺伝をつかさどるものが細胞全体だ、ということを認めた形になり、正統派の理論の後退ではないか、と指摘した。小西国義（『前衛』一六六号、一九六〇年）も、篠遠の説明は、「無理にメンデリズムでこじつけたようなおかしな説明」で「メンデル遺伝学の欠陥を如実に示している」と批判した。

佐藤（『自然科学概論』第二巻一九六〇年）は、篠遠の「働き手」説を批判して「〝働き手〟概念は少しも実体分析にかけられないから……このような仮説は、作業仮説となりえない」と酷評した。しかし篠遠は、「働き手」という概念を提出しただけで能事おわれり、としたのではない。かれは具体的に「働き手」となりうるいくつかの実体を予想したのであり、吉川の説明も篠遠と同じ立場からだされたものである。また、微生物の薬剤耐性のところで述べたようにエピゾームの発見により、「働き手」の候補にふさわしい実体がもうひとつ出現したことになる。

コムギにライムギの穂がついたように見えることも、現象としてはありうる、と正統派の遺伝学者たちもみとめている。ソ連を訪問した松浦一や野口弥吉は、そのような標本を見ることができた。

吉川(『科学』一九五六年第三号)は、これは⑴自然接木、⑵雑種の体細胞分離、⑶多精受精による極核との融合、⑷メロゴニーによるモザイク、⑸ウイルスによる異常形態、などによって説明されうる、とした。

佐藤重平(『基礎進化学』一九五四年)は、コムギにライムギの穂が生じるのは、童貞生殖、つまりライムギの雄性配偶子がコムギの胚のう内で発育する現象によるのであろうと推測し、そのような例はタバコ属やクレピス属でも知られている、と述べてルィセンコの説明に反対した。

ルィセンコ派にも反対論が多く、佐藤七郎(『生物科学』一九五六年第四号)も童貞生殖説を支持し、八杉(『生物科学』一九五六年第四号)は、種の転化説は「それまでのルィセンコの学説をはなれて進んでしまって」おり「最初のかれの説の根柢――環境と生体との相互作用――にもどって考えなおす」必要があると説いた。

唯物論哲学者である寺沢恒信(『前衛』一六六号一九六〇年)は、哲学のレベルで種の転化説批判をこころみた。かれによれば、質的変化には漸次的移行と爆発的移行との二形態があるが、種の移行は突発的な飛躍による以外にないと考えたところに、ルィセンコの弁証法理解の不十分さがあるというのである。

方法の問題

ルィセンコ派の研究方法や論争態度のあやまりは、くりかえし正統派から指弾されてきたが、ここでは守勢に立ったルィセンコ派あるいはそれに近い立場からだされた批判や反省をとりあげることにしよう。

まず方法論的には、ソ連では機械論を批判するあまり、物理化学的法則と生物学的法則との区別のみを強調することですませていた、また統計的・確率論的な考え方が欠けていたという批判を鎮目（『生物科学』一九五六年第四号、『自然』一九五八年四月号）が行った。

伊藤（『自然』一九五六年六月号、武谷編『自然科学概論』第一巻一九五七年）は、生化学などの実験方法の軽視、アイソトープや超遠心分離器などの新しい技術や近代統計学などの新しい方法に対する懐疑主義的傾向、西欧文献の軽視その他をルィセンコ派のあやまりと指摘した。

長塚義男（『生物科学』一九五六年第四号）、井尻正二（『自然』一九五九年六月号）の意見もほぼ同じである。長塚は、ソ連の一九四八年論争が、遺伝学上の理論よりも「農業実践の経験だけを一方的に重要視して討論に終止符をうつ」ような実践の偏重があったと考えている。しかもこのような方法論上の誤りは、西欧の業績や厳密な実験方法の軽視、批判を抑圧する官僚主義的傾向の発生などの結果を生んだ、というのがかれの意見である。井尻は、ルィセンコの農法が増産に役立ったことは立派だが、現代生物学の技術の利用、生化学のレベルでの実証が怠られているのは不審である、と述べた。

ユニークな意見を述べた論者に森下周祐（かねすけ）がいる。かれの論文は、武谷三男編『自然科学概論』の一部として執筆されたものであったが、ルィセンコに対する評価が、編者と一致せず、掲載されなかった。したがって、一九六〇年に公にされるべきだったこの論文は、一九六五年になって『生物学史研究ノート』一一号において発表された。

かれにも、鎮目、伊藤、長塚、井尻らと共通な論旨が見られるが、次のような指摘は、独特のものであり、また正鵠をえていた。森下は言う。ルィセンコには「実体をつかむ努力がよわく、ただちに仮想的本質論をくりひろげるから、安易な類推から擬人的表現が多くなり、無規定のからっぽの概念や哲学用語を、もっともらしくあやつらなければならなくなる。たとえば獲得形質遺伝現象の実体に代謝系の動揺を仮設して、生物の変異性を強調したあとで、〝……しかし生物にも保守性がある〟というとき、弁証法というより詭弁を感じるのは、わたしだけだろうか。」

さらにイデオロギーの問題については、中村禎里（『評論都立大学』一九五七年一二号）は、ルィセンコのあやまりは、主として科学の階級性についてのまちがった理解に由来する科学行政の失敗だ、とした。佐藤七郎（『前衛』一六六号一九六〇年）も、メンデリズムとルィセンコ学説の対立の原因としては、反ソ反共宣伝のほかに、ルィセンコの側にも、科学の階級性の理解にまちがいがあり、政策と科学とを混同したことも無視できない、と論じた。

ただし以上のような反省を行った人々も、ミチューリン・ルィセンコ派の功績を無視したわけではない。たとえば森下は、「ルィセンコほどはっきりと、事実と理論で、遺伝学の欠陥を批判したものはなかった」と述べ、伊藤（『自然科学概論』一九五七年）は、ソ連のルィセンコ派が、「遺伝子不変の考えを批判して、生物と環境との――したがってまた生物の進化の――新しい認識をあたえ、生物学に新しい可能性をひらいた」功績をたたえ、「だからこそ他の国では思いつかぬようなユニークな研究方向（たとえば栄養雑種）が発展したし……理論化の容易な単純な系をもちいた実験に満足することなく、すすんで複雑な系を実験対象とし、統一理論の建設をめざした」と、この学派の積極面を確認している。

農民運動から科学運動へ

ミチューリン運動は農民運動ではありえない、という批判が、農民運動の活動家から、また農民運動であってはならないという批判が、一部の科学者、技術者からだされたことは、前章ですでに述べた。これらの批判は、一九五六年のミチューリン会第三回大会で受けいれられた。

この大会で松浦一は、要旨次のような会長演説を行った。

日本のミチューリン運動は、社会運動家の指導のもとにはじめられたので、発足当時は科学運動というよりは社会運動としての性格が強かった。このことは日本の政治情勢のもとでは必然的な初期段階としての意義をもっていた。また他方、ヤロビ農法を万能視し、条件を無視して普及したため、多くの失敗例が生まれ、少なからぬ数の農民に失望をあたえた。すなわち運動に科学的裏付けがなかった。これらの欠点がミチューリン運動に危機をもたらした。

以上のような判断にもとづき松浦は、「今後は農業技術に重点をおく純粋の科学運動として発展されるべきであり、農民の実践と科学者の研究とを結びつける運動であるべきだ」と提案し、これが大会で議決された。

第6表　ミチューリン大会参加者数

年度	代表	傍聴者
1954	399	約 350
1955	356	約 70
1956	195	約 50
1957	114	約 10
1958	100	約 10
1959	94	約 10

『ミチューリン農業』各年度ミチューリン大会報告から作成

しかしその後も、ミチューリン運動は衰退をつづけ、大会参加者の減少傾向はとまらなかった（第6表）。一九五七年の第四回大会参加者は一〇〇人あまりにすぎず、結成大会の七〇〇人とくらべてこの運動が最盛期をすぎたことは、はっきりと示された。

松浦はこの大会で、情勢を憂うにあたらずとして、「はじめヤロビで増収すると期待して集まった人たちがその後さらに多くの地についた研究が進むのに追いつけず落伍した。今やミチューリン運動は量の発展から質の発展へと進んできているのではないか」と楽観したが、これはおそらく、ミチューリン運動を科学運動と規定した科学者の立場にひきよせて考えた見解であったろう。

しかし農民の間にも、新方針を支持した者もいた。島根県の清水孝造（『ミチューリン農業』一五八号一九五七年）は、ヤロビを実行する人はいまやほとんどなくなり「ヤロビも一服のてい」なので「より根本的な理論的な勉強をしたい」と言っている。新潟の高橋徳三（『ミチューリン農業』一五三号一九五七年）は、「ミチューリン農法を増収技術としてだけとりあげたので」ゆきづまった経験から「ミチューリン科学運動を正しく認め」なければならない、と主張している。

これらは、科学運動の方針に賛成する農民の意見なのであるが、おそらく「理論的な勉強」にまですすむ余裕がない農民は、松浦が言うように脱落していったものと思われる。長野県の名子重光（『ミチューリン農業』一九七号一九五八年）は、「下伊那当時の家族的な親しみやすさはうすれて、一時的な信頼感の消失ということも否定できない」が、最近の機関紙に「むしろある充実が感じられ……この程度のものを理解しえない読者はミ農業の実践者として失格である」と述べている。

けれども新方針に対する反対意見も強かった。『ミチューリン農業』（一五〇号一九五七年）の無署名記事は、この新しい方向が「大衆化の方向になるかどうかにいくらかの疑問をのこし、最初からこの運動に加わり地道なサークル活動をしてきたなかまに、ミチューリン会が自分たちのつくりあげてきたものと異質になりつつあるという感じを与えていることも否定できない」と、新方針と古い会員の間に見られる矛盾を告白している。

たとえば愛知県の木下明美（『ミチューリン農業』一九五号一九五八年）は、ミチューリン会本部が「百姓との直接の結びつきを失い、友人の関係から先生と生徒の関係に変ってしまった」となげき、長野県の宮坂（『ミチューリン農業』一五六号一九五七年）は、「率直にいって現在の機関紙は専門的な科学者中心的になってはいないでしょうか。農民の気持を〝ほりおこす〟ことから〝教えてやる、こうしなさい〟式になりつつあるように思えてしかたありません」と訴えている。

古くからの指導者たちも、科学運動をめざす方針に一応賛成しながら、わりきれぬものをもっていたらしい。石井友幸（『ミチューリン農業』一八一号一九五八年）は「ミチューリン運動が、技術運動、科学運動であることはまちがいない」が、農業の実践面では技術はつねに経営、政治、経済と密接に関連している、と注意を喚起した。

菊池謙一（『ミチューリン農業』一七〇号一九五七年）は、「科学運動をめざすという基本的には正しい方向のなかで……〝農民を科学者にしよう〟というような現実的でない傾向」があると指摘し、もしこのようなことが「目標になると、運動が非常に限定されせまくなる。なぜなら、大多数の農民は、科学者になるのが目的でなくて、農業経営をよくすることが目的なのだから」と警告を発した。

ミチューリン運動の評価

農民運動としてのミチューリン運動の失敗により、この運動は科学運動と規定しなおされることになるが、現状では、農民を主体とした科学運動が存在しうると考えれば、それもやはり幻想であろう。科学運動である限りは、科学者を主体としてしか存在しえない。このことを無視しては、農民はおしつけを感じて運動から遠ざかるであろうし、科学者は科学者で、農民を主体とした運動にはついてゆけない。

では、ミチューリン運動が進むべきみちはどこにあるのだろうか。この問に答えることはむずかしいが、とにかく二、三の人たちの、この運動に対する評価を示すことにしよう。

ミチューリン会の理論的指導者のひとりであった福本日陽（『日本ミチューリン会研究ニュース』九号一九五七年）は、「科学にたいして性急な実用的効果だけを要求する卑俗な実用主義と、ミチューリン、ルィセンコ、ウィリアムスの総合的な理論をいたるところでふりまわし、農業技術上のいっさいの問題にたいして、これらの書物の中から自分の気に入った箇条をぬき出してかんたんに割切ってしまう」権威主義を強く批判した。ほぼ同様の意見は、ミチューリン運動の全盛期からその実用主義に批判的だった伊藤嘉昭（『自然科学概論』一九五七年）、優れた戦後科学運動史をかいた広重徹（『戦後日本の科学運動』一九六〇年）の論文にも見られる。

伊藤は、ミチューリン運動は、無力な官庁技術批判や、金がかかる篤農家の民間技術に対抗するものとして発生したのは当然であり、とくに注目すべきことは、ヤロビというやさしい技術を通じて農民がまず技術研究に関心をもち、つづいてミチューリン学説の理論体系を学んでいった経路である、と評価し、一方欠点として実利主義的科学観をあげる。「この傾向は、この会に協力する生物学者のエネルギーを、農民の啓蒙活動についやさせ、実験的研究や理論的整理にむけさせないことになった。そのためミチューリン運動の発展のために必要な基礎的知識は、協力的な科学者からもほんのわずかしか与えられてい」ない、と実利主義がミチューリン運動の発展をはばんだと論証した。

広重は、ミチューリン運動を「国民みずからの手で科学を推進しようとした萌芽」として評価し、「農民がたたかいの経験を交流し、この技術について、初歩的であるにしろみずから研究を重ねようとしたということ」がとくに強調さるべきであると説いた。弱点としては伊藤と同じく、協力科学者の「精力がほとんど指導と啓蒙についやされ、この運動の実践のなかでできた科学上の問題を、専門的に追求することが少なかった」ことをあげている。

終戦以来ルィセンコ学説、ミチューリン運動に強力な理論的支持をあたえてきた民科生物部会の内部でも、一九六〇年に、ミチューリン運動の評価をめぐって論争があった。

民科京都支部は、一九五九年から「戦後日本科学の再検討」というテーマをとりあげてきたが、生物部会でもその一部として討論が行われ、そこでまとめられた結論が「戦後生物学の再検討」と題して発表された（『民科生物部会通信』四七号一九六〇年）。ミチューリン運動については、「学界の外で理論が直接、考える農民のなかでためされたのである。そして立派な成果をいくつかうみだし、生物学の全分野にいろいろな問題点をなげかけている」と述べ、しかも民科がかかげた「国民の科学」のスローガン自体は正しかったしミチューリン運動はそのテストケースとなった、と高い評価をあたえた。

この京都支部の意見に佐藤七郎（『民科生物部会通信』四八号一九六〇年）が激しく反駁した。かれは、ミチューリン運動が生物学の全分野にいろいろの問題点を投げかけている、と信じているとしたら京都支部はオメデタすぎる、と揶揄し、「国民の科学」の主張がとなえる創造、普及、条件獲得の三位一体説のような「無矛盾」主義は、現実に存在する矛盾を回避する結果を生む、と主張する。ミチューリン運動についても、機関紙『ミチューリン農業』を読むと、「ミチューリン農法でやってゆけば、政治の変革がなくても農民は救われるかと錯覚するほどである。科学と生産との疎隔の原因を、科学そのものの中にだけもとめ、政治体制の欠陥をみとめようとしない誤った非政治主義が、いまのミチューリン運動にある」と、佐藤は批判した。

これまでにミチューリン運動を再検討すべく登場したのは、マルクス主義の立場に立った人たちであるが、それとは別に「思想の科学研究会」に属する農学史家筑波常治（ひさはる）（『日本農業技術史』一九五九年ほか）のミチューリン運動論がある。かれの見方を一口で言ってしまえば、ミチューリン運動は農本主義の戦後版であり、「新農本主義」のひとつのあらわれだということになる。農本主義もミチューリン農法も、利潤の概念の拒絶、労働の神聖視と「白い手のインテリ」の軽蔑、「……すべし」という一種の使命感、なかまの間の同志感と、それに反対する存在に対する全面的否定、これらの特徴で共通している。ミチューリン運動において「農民の生活と実感とを根柢にする知恵を、農学、農業技術の中心に生かしてゆこうという視点はただしい。問題は、その土壌のうえに、どういう仕方で近代科学の成果を根づかせるか、ということ」にある。しかるにミチューリン農法の致命的限界は、「近代科学にたいする必要以上の軽視である。」近代科学には「歴史に値するだけの真理と学ばるべき遺産が当然ふくまれている」にもかかわらず「それに〝資本家のための学問〟とか〝農民を忘れた農学〟とかいうレッテルをはりつけて一方的に排撃してきた。そしてその排撃の根拠を、唯物弁証法と共産主義に飛躍的にむすびつけて合理づけようとしてきた。そのことが、この運動をはばせまいものにした。」以上が筑波の考えである。

ソ連では

研究の自由の復活

最後に、ソ連におけるその後の生物学界の動きについて、簡単にふれよう。まず、ルィセンコの種の転化の理論に対する批判が、かなり強力になっている。一九五二年以後、この問題をめぐる批判と反批判が、あるいは専門誌上で、あるいは公開討論会という形で進められていたが、一九五四年に『植物学雑誌』の編集部はその総括を行い、ルィセンコの見解を否定した。教科書からも、種の転化説は削除されることになった。しかしルィセンコ一派は、そののちも自分たちの意見を固執している。

こうして、以前にくらべると自由に論争を行う雰囲気が保証されるようになるとともに、いわゆる正統派的な研究も日の目を見ることになり、ルィセンコ派のなかでも西欧の生物学の成果をくみいれた研究があらわれてきた。たとえば、一九四八年論争でこっぴどくこきおろされたドビニンは、一九五六年には、DNAの物理・化学的性質が明らかになった今日、遺伝子の概念を拒否する理由がないと強調し、進化は突然変異と選択によっておきる、と言っている。しかし、獲得形質の遺伝についての意見はあいまいである。ドビニンは、これらの見解を、唯物論的生物学の発展のために、という旗印のもとに提出している。

育種学者のツィツィン（一九五七）は、DNAが遺伝物質であることをみとめ、遺伝性の物質的基礎を否定するのは観念論である、と論じながらも、獲得形質の遺伝については、これを強く主張している。ザワツキー（一九六二）は、その『種の理論』で集団遺伝学の成果をかなりひろくとり入れている。また、ルィセンコによってほとんどその有効性が否定された倍数体の育種への応用は、ジェブラクの手でこころみられ、コムギで優れた成果をあげた。

ケルディシュの批判

一九五六年にルィセンコが農業科学アカデミー総裁を辞任したのち、以上述べたように正統派の復活がめざましいが、それでも、フルシチョフの信任あついとされていたルィセンコは、依然としてソ連の農学界、生物学界で大きな勢力をもちつづけてきたことはうたがいない。ところが、最近になって、新しい局面の到来を示すきざしがあらわれた。

一九六五年二月五日の各紙は、ルィセンコが、科学アカデミー遺伝学研究所の所長を解任されたと報道した。この報道によれば、科学アカデミー総裁のケルディシュは、ソ連では分子生物学、遺伝学の研究が非常におくれており、このおくれの原因はルィセンコが、現在の科学の水準、実験的事実と一致しない独自の見解を固執したことにある、と年次大会で報告した。とくに、一九四八年の論争の結果、反対者が追放され、科学的発想法が制限されたことなどが批判されている。私は、このケルディシュの報告が、ソ連の生物学のあらたな発展にとって好ましい条件が生まれつつあることのあらわれだと考える。

かつて日本のルィセンコ派の論客たちは、かれらの支持する学説が「政策生物学」などではないという主張のひとつの根拠として、まちがった理論を政治的な便法から採用したのでは、生産が破壊されてしまうから、ソ連の指導者がそんな馬鹿なことをするはずがないと強調した。この主張は、まちがった理論の破綻に十分なタイムスケールをとった場合に限って正しい。そして今や、正統遺伝学を偽科学よばわりする思想が存続しうる猶予期間は、ソ連では終わりつつあるのだ。しかし私は、ルィセンコおよびかれの学説を支持する者にも、ふさわしい研究の場があたえられるべきだ、と考える。

アメリカでは

ついでにアメリカの状況にふれておくと、一九五〇年ごろ過熱状態に達したルィセンコ弾劾のもりあがりも、そののち落ちついている。けれどもそれは決して、かれらがルィセンコ一派を許したからではない。生物学界の間では、常識外の事件として無視されていると言ってよい。それに、当時ルィセンコ攻撃の中心となった人たちは、すでにおおむね生物学者として老朽化している。

かくて、ルィセンコ問題は、ひとつの歴史的事件として、歴史学者や科学史家の研究対象としてとりあげられる時代になった。最近私の目にふれた二、三の著作をあげると、ザークルの『進化、マルクス主義生物学、およびその社会的背景』(一九五九)、ラーナーが『アメリカン・ナチュラリスト』に書いたそれに対する批評(一九五九)、ジョラフスキーの「ソビエト科学者と大転換」(一九六一)、同じ人の「ルィセンコ事件」(一九六二)(『生物科学』第一五巻に鎮目恭夫が紹介している)などがある。

つまり、欧米の状況は日本の様子と変わらない。ただ、この事件がとりあつかわれてきたいきさつから言って、アメリカでは、建設的な検討が期待されがたい。私たちの国こそ、ルィセンコ学説の功罪が冷静に評定され、生物学の将来の発展に役立たせるためにふさわしい条件をそなえているのではなかろうか。

む す び

日本におけるミチューリン・ルィセンコ学派について、私はその否定的な面ばかりを強調しすぎたかもわからない。この大きな事件から、ゆたかな教訓を学びとるためには、ある程度、そのような反省的態度をとることもやむをえなかった。しかし、ミチューリン・ルィセンコ学派がもたらした成果がないわけでは決してない。その第一は、生物学は人民のためのものでなければならない、という思想を、戦前のようにただの観念としてではなく、実際の運動として実現させたことである。そしてこの実際活動を通じて、日本のような資本主義社会における、基礎生物学の研究と農民の生産活動との人民的なつながりの可能性とその限界を、はっきりと示したことであった。

今後もし農業技術運動が農民の生活において進歩的な役割をはたしうるとすれば、それは、ミチューリン運動のように、その中から政治問題をひろいだし農民運動の一契機とするための手段であってはならないし、そのようなことはもはや不可能であろう。逆に、農民運動の政治的、経済的な闘いのなかで出てくる技術的要求を、これらの闘いに従属したものとして、その一環として位置づけるということでなければならないであろう。生物科学とくに農学と農業生産との進歩的な結びつきがもし可能であるとすれば、研究者個人が農民の運動の中に入るという形ではなく、農民運動をふくめた全人民の闘いの前進の見通しのもとに、人民の利益にそった長期的な計画を立て、しかもこの計画を人民の闘いの力に支えられて実現するという形でしかありえないだろう。

ミチューリン・ルィセンコ学派がもたらした第二の成果は、栄養雑種というメンデル・モルガン遺伝学の視野の外にあった現象をさぐりあてたことであった。この意味で、ミチューリン・ルィセンコの遺伝学は、ひとつの仮説としてある種の有効性を発揮したと言ってよい。しかし、メンデル・モルガンの正統遺伝学の理論が、仮説としての有効性をもたなかったわけではない。むしろ正統遺伝学の線上で、遺伝生化学、発生遺伝学、分子遺伝学が誕生し、核と細胞質におけるどのような実体がどのような過程を通じて形質の発現に関与するかが、着々と明らかにされてきたのである。その功績の生物学史的意義、全生物科学の将来に対する指導性は、栄養雑種の発見とは比較にならぬほど大きい。

しかしながら、現在のところミチューリン・ルィセンコ派は、その潜在的な力を十分発揮しえているとは言えない。なぜなら、正統遺伝学は当面、微生物を材料として、分子のレベルでの遺伝現象や形質発現の解明に主力を投じている。けれども生物学は、すべての種類の生物の、あらゆるレベルでの生命現象の支配をめざすはずである。微生物における、あるいは分子レベルでの研究成果を前提としながら、それを高等動植物における、あるいは細胞以上のレベルでの遺伝と分化に、もっと多くのエネルギーをさくべき時が将来やってくるであろう。その時、ミチューリン・ルィセンコ派によるアプローチ、たとえば栄養雑種の機構の解明が、大きな手がかりになるかもしれない。それればかりでない。もしミチューリン・ルィセンコ派が、イデオロギー的偏見にとらわれず、正統派の方法と業績を消化し、しかもかれら独自の成果を追究してゆくならば、遺伝学の次の発展段階において、主導的な役割をはたすことも不可能とは言えない。

どちらにせよミチューリン・ルィセンコ派もメンデル・モルガン派も、その思想を仮説としてはたらかせ、その仮説の実証的裏付けと、その仮説による新しい現象の発掘を通じて競うべきである。しかもこの競争の過程で、事実にてらして各々の仮説に修正を施し、他方のなわばりで明らかにされた事実をも包含する新しい仮説を再び提出するという作業が、両者それぞれにおいてなされるべきである。

残念ながら今までは、とくにミチューリン・ルィセンコ派においては、そのような科学的態度に欠けるところがあったので、なおさらこのことを強調しておきたいのである。

ミチューリン・ルィセンコ派のこの失敗は、相手方の理論に、政治的、イデオロギー的なレッテルをはりつけることによって排除する一方、自説を絶対化するという形而上学的発想と結びついていた。なるほど、八杉竜一にしろ松浦一にしろ、ルィセンコ学説を擁護したグループのうち最も優れた人たちは、問題を生物学上の場から離れたところで解決すべきではない、と再三警告を発した。しかし趨勢は、そのようななまやさしい警告で是正されるべくもなかった。本場のソ連における政治のあやまりを糾弾することなしに、そしてこの誤りが日本の革新陣営にあたえた決定的な影響を批判することなしに、ルィセンコ論争におけるイデオロギー的雑音を有効にたたくことはできなかったであろう。にもかかわらずかれらは、ソ連やルィセンコの過誤をあらゆる批判から擁護するという態度をとったのである。

しかしかれらルィセンコ派の人たちだけを、その理由であえて責めることはできない。なぜなら、ルィセンコ問題に関する生物学者のいくつかの失策は、私自身や反ルィセンコ派の人たちをふくめて、日本の知識人一般の弱点のひとつのあらわれでもあるのだから。私もかれらとともに、事実に謙虚であり、権威に傲慢である態度をとりつづけて、それぞれの道を歩いてゆくならば、あるく道はちがっても、やがては同じ広場に落ちあうにちがいない。

文献表

文献表作成にあたってとった規則は次の通りである。(一) 本書で引用した文献、および私が見た限りで日本で発行されたすべての、ルィセンコ、ミチューリン関係文献を採録した。見ることができなかったものもいくらかはあるし、その存在を知りえなかったものもあるにちがいないが、重要な文献はもれていないと信じる。(二) 外国人の著作は、邦訳されたものだけをとった。(三) いちど発表されたものが、他の形式 (論文集など) で再刊された場合については、できるだけそのことを指示した。(四) 全体としては、ルィセンコ、ミチューリン問題をとりあつかったのでなくとも、一部に関係論文、関係部分をふくむ文献も、重要なものは記載した。単行本になった論文集の書名と、それに収録されている諸論文の名を、重複して記載した例もある。(五) 文献は、まず年度別、次に著者名のアイウエオ順に配列した。ただし、外国人の著作の邦訳文献は、邦訳が発表された年度におき、各年度の末尾にならべた。(六) 雑誌、新聞のうち頻出するものは、その名前を次のように短縮してあらわした。『生物科学』→『生』、『遺伝』→『遺』、『農業朝日』→『農朝』、『農業及園芸』→『農園』、『科学』→『科』、『自然』→『自』、『自然科学』→『自科』、『科学朝日』→『科朝』、『科学読売』→『科読』、『国民の科学』→『国』、『思想』→『思』、『理論』(日本評論社)→『理』(一)、『理論』(理論社)→『理』(二)、『唯物論研究』(戦前)→『唯』(一)、『唯物論研究』(三笠書房、伊藤書店)→『唯』(二)、『唯物論研究』(青木書店)→『唯』(三)、『前衛』→『前』、『ミチューリン農業』→『ミ』、『民科生物部会通信』→『民』、『民科生物部会教育大班通信』→『民教』。(七) 雑誌論文は、筆者名、論文名、雑誌名（またはその略名）、巻、号（カッコ内）、ページの順に記した。単行本にふくまれる論文は、筆者名、論文名、書名、ページの順に記した。単行本は、著者名（または編者名）、書名、発行所の順に記した。翻訳文献では、著者名のあとのカッコ内に訳者を示した。（八）単行本収録の論文で、論文の筆者と単行本の著者（または編者）が同一である場合は、単行本の著者名（または編者名）を省略した。単行本が、当該論文と独立に文献表に記載されている場合は、発行所を省略した。単行本の発行年が、当該論文の発表年と同一である場合、単行本の発行年は省略した。

一九三〇年

デボーリン（笹川正孝）『弁証法と自然科学』白揚社

一九三一年

共産主義アカデミー（永田広志）『マルクス主義哲学の現段階』白揚社

唯物論者協会『「デボーリン派」批判のために』白揚社

一九三二年

石井友幸　遺伝学と生理学『科』三（一一）四五四

小泉　丹　種の問題（マルクシズム文献に於ける生物学）『思』（一一六）二八～四七

細川光一　生物の解釈『唯』（一）（二）一〇八～一二一

M・K　流行病的なるもの『科』三（一）一

ザヴァドフスキー（プロ科、産労）有機体進化の過程における「物理的」と「生理的」『新興自然科学論叢』希望閣　九五～一一七

ヴァヴィロフ（プロ科、産労）最近の調査にてらした世界農業の起源の問題　同書三六一～三八〇

一九三三年

石原辰郎　メンデリズムの一批判『唯』（一）（三）七一～七七

石原辰郎　遺伝学と唯物論『唯』（一）（四）九五～一〇八

梯　明秀　生物学におけるダーウィン的課題『唯』（一）（五）五～二二、（六）八七～一〇九『現代唯物論の諸問題』隆章閣　一六四～二〇四、『物質の哲学的概念』青木書店（一九五八）九七～一四六（ただし一部改変）

ゴルンシュタイン（相馬春雄、大野勤）『弁証法的自然科学概論』白揚社

一九三四年
石井友幸　生物学の歴史的概説と展望『唯』〔一〕（一七）五〜二四
中島清之助　ダーウィニズムを方法論化する傾向について『唯』〔一〕（一七）七四〜七七
ブハーリン他（松本滋）『ダーウィン主義とマルクス主義』橘書店

一九三五年
石井友幸・石原辰郎『生物学』三笠書房
ソ連邦アカデミヤ（岡邦雄・大竹博吉）『ソヴエト科学の達成』ナウカ社

一九三六年
コマロフ（石井友幸）生物学に於けるマルクス及びエンゲルス『唯物論的自然科学入門』白揚社

一九三七年
石井友幸　ヴァヴィロフ捕縛の誤報『科学ペン』二（三）一〇二〜一〇三
石原　純　科学に於ける思想闘争『改造』一九（五）二九〜三五『科学と社会文化』岩波書店　一一一〜一二四
細井　孝　ソヴィエト科学とナチスの科学『科学ペン』二（六）一一二〜一一三
無署名　万国遺伝学会議の中止とソヴィエト政府『科』七（二）八七
無署名　遺伝学にかんする思想闘争『科』七（三）一三一
無署名　科学的自由『科』七（四）一七九
無署名　ソヴィエト育種家のイデオロギー『科』七（一二）五二四
無署名　遺伝学における理論と実践『科学ペン』二（四）九八
無署名　国際遺伝学会議の延期理由『科学ペン』二（四）九九〜一〇〇
無署名　USSRにおける科学『科学ペン』二（五）一一七〜一一八

一九三九年
碓井益雄　ある友と生命論『採集と飼育』一　二四六〜二五一
長岡義夫　果樹園芸の画期的発展とミチューリン『ロシヤ文化の研究』岩波書店　四〇九〜四二五
八杉竜一　現代露西亜の生物学とダーウィン主義　同書四二七〜四四一

一九四〇年
八杉竜一　ソ連の自然科学界展望『中央公論』五五（七）一一三〜一二二

一九四一年
盛永俊太郎　育種学の正統派と非正統派『農園』一六（七）ネオメンデル会編『ルィセンコ学説』（一九四八）一五〜二〇
ルィセンコ（和泉仁）植物有機体遺伝質の人工変異『ソ連の科学技術』高山書院　三〜一五
一九四二年
八杉竜一　ルィセンコ『科学思潮』（三）七〇〜七六
一九四六年
石井友幸　進化論のおける今日の課題『民主主義科学』（四）四六〜五八、（五）三二〜四三　『生物学と唯物弁証法』（一九四七）六一〜一〇七
武谷三男　哲学は如何にして有効さを取戻しうるか『思想の科学』（先駆社）一（一）一〜九　『弁証法の諸問題』理学社　一五〜三三
武谷三男　現代自然科学思想　長谷川如是閑他監修『現代思想の展望』白鷗社　二一七〜二八四　『続弁証法の諸問題』（一九五〇）一〜二八
武谷三男　技術をわれらの手に『私の大学』一（四）一三〜一五　『科学と技術の課題』三一書房（一九四七）一二一〜一三二
八杉竜一　生物学を通じてみたソ連邦の学界『自科』（三）四五〜五〇
山田坂仁　哲学と科学との関係『科学主義』一〇（六）九〜二一　『思想と実践』（一九四八）一〇九〜一三六
一九四七年
石井友幸　『進化論』三笠書房
石井友幸　『生物学と唯物弁証法』彰考書院
石井友幸　進化における遺伝と変異『唯』〔二〕（一）七六〜九〇　『あたらしい生命論のために』（一九四八）二二五〜二四七
石井友幸　突然変異についての考察『自科』（七）二九〜三二　『生物学と唯物弁証法』一二二〜一三四
石井友幸　唯物弁証法と生物学『理』〔一〕一（三）二三〜二四、（四）二五〜三四　『生物学と唯物弁証法』三〜四七
石井友幸　ダーウィニズム・メンデリズム・ルィセンコ学説『理』〔二〕一（八）四五〜四八
吉川秀男　『遺伝』日本科学社
柴谷篤弘　『理論生物学』日本科学社
高梨洋一　ルィセンコ育種学説に関する諸問題『農学』一（九）五〇九〜五一五　ネオメンデル会編『ルィセンコ学説』（一九四八）一二七〜一五三
武谷三男　自然弁証法について『学生評論』四月号　『続弁証法の諸問題』（一九五〇）六七〜八六
徳田御稔　『生物進化論』日本科学社
沼田　真　生命論批判『自科』（七）一七〜二三

星野芳郎　科学論　民科編『科学年鑑』一四三～一四八
八杉竜一　『ダーウィン種の起源』霞ヶ関書房
八杉竜一　ルィセンコ遺伝学説について『自科』(八) 一七～二七　ネオメンデル会編『ルィセンコ学説』(一九四八) 四一～八八
八杉竜一　ルィセンコ学説について(再報)『自科』(一二) 二～二四　ネオメンデル会編『ルィセンコ学説』(一九四八) 八九～一〇二
八杉竜一　書評(徳田御稔・生物進化論)『自科』(九) 二九～三〇
山口清三郎　合目的性と因果性『理』(一) 一(一) 一四～三〇
ホロードヌイ (吉沢孫兵衛)『ソヴェート農業の進歩とその指導者』機械制作資料社

一九四八年

石井友幸『あたらしい生命論のために』同友社
石井友幸　現代遺伝学とルィセンコ学説『唯』(二) (二) 九七～一〇九『あたらしい生命論のために』六四～八二　ネオメンデル会編『ルィセンコ学説』一〇三～一二六
宇田一　『遺伝と教育』北隆館
S・T　ソ連における遺伝学論争『世界』(二七) 九～一二
梅谷与七郎　ゴールドシュミットの小伝とリセンカフ説への反駁『農園』二三(五) 二八五～二八六
川口栄作他　社会と遺伝『遺』二(九) 三二～三八
木田文夫　生命科学における内部相互関係論『思』(二八六) 三三～四二
木田文夫　遺伝学の最近の諸問題『遺』二(九) 二六～二八
木田文夫　人間遺伝の後成的因果関係の実証『科』一八(一〇) 四三九～四四一
吉川秀男『遺伝』(増訂版) 日本科学社
駒井卓　ルィセンコの遺伝学説批判　ネオメンデル会編『ルィセンコ学説』一七三～一九一
佐藤重平　ルィセンコ学説論争の経過　同書　一～一四
佐藤重平　文献からみたルィセンコ学説　同書　一九二～二二四
佐藤重平　遺伝のルィセンコ説『遺伝学細胞学文献総説』(一) 五三～五八
佐藤重平　ルィセンコ学説とはどんなものか『遺』二(一〇) 三五～三七
世良正雄　植物を創造する科学『科学と技術』(五) 二〇～二三
高梨洋一　突然変異の進化育種的意義『遺伝学雑誌』二三　五二～五三
竹中要他　新しい遺伝学批判『遺』二(六) 一四～二〇、(七) 二二～二五
田中義麿　メンデリズムとルィセンコ学説　ネオメンデル会編『ルィセンコ学説』一五四～一七二
沼田真　『生物学論』白東書館　なお、沼田『生物学と自然

弁証法』（一九四九）白東書館は、この本と同内容
ネオメンデル会編『ルィセンコ学説』北隆館
野口弥吉　問題のルィセンコ学説とは『農朝』三（一二）一〇〜一一
野口弥吉他　ルィセンコの育種学説について『遺』二（一〇）三八〜四五
藤井　敏　古いものから新しいものへ『科学と技術』（一一）二六〜三〇
目黒次郎　ソヴィエト生物学の展望『科学と技術』（一一）一二〜一六
八杉竜一　『ダーウィニズムの諸問題』理学社
八杉竜一　『生物学の方向』アカデメイア・プレス
八杉竜一　生物学への反省『思』（二八九）四八〜五五　ネオメンデル会編『ルィセンコ学説』二一〜四〇
八杉竜一　ソヴィエト科学における政治性『東大新聞』九月三〇日号
八杉竜一　ダーウィニズムの成立と発展『ダーウィニズムの諸問題』一〜二一
八杉竜一　自然科学の実践性と科学者の実践　同書　二二〜三八
八杉竜一　生存競争について　同書　六五〜八七
八杉竜一　ソ連におけるダーウィニズムの発展　同書　一一五〜一五四
八杉竜一　生物学の方向『生物学の方向』二〇〜六五
山下孝介他　進化ということ『遺』二（五）三四〜三八
山田坂仁　『思想と実践』北隆館
ドブザンスキー（林雄次郎）　ルィセンコ遺伝学の批判『科』一八（一〇）四四一〜四四五
ルィセンコ　唯物弁証法生物学の勝利『科学と技術』（一二）四六〜五六

一九四九年

飯島　衛　実在と象徴『理』〔一〕三（一）三三〜四八
飯島　衛　書評（沼田真・生物学論他）『生』一（二）六〇〜六二
石井友幸　進化論と社会思想　ネオメンデル会編『進化学説の展望』二四五〜二八二
石井友幸　ルィセンコ遺伝学説　ネオメンデル会編『現代遺伝学説』二九一〜三一六
石井友幸　書評（進化論及び遺伝学について）『生』一（二）一〇八〜一一一
井尻正二　定行進化　ネオメンデル会編『進化学説の展望』七三〜九五
伊藤智夫他　てがみ『生科』一（四）二三八
宇田　一　生命論の歴史的展望　ネオメンデル会編『生命論の展望』三〜三八
梅谷与七郎　核と細胞質『科』一九（五）二二五〜二二九
岡　英人　進化と突然変異『生』一（三）一三七〜一四六
丘　英通　ソヴェートの生物学『ソヴェートの科学』三〜三〇
木田文夫　『遺伝と素質と体質』白水社

木田文夫　遺伝学に現われた生物科学思想の変化『生』一（一）三九～四八

木田文夫　遺伝発生の後成学説　ネオメンデル会編『現代遺伝学説』二六五～二八九

木原　均　『科学者の見た戦後の欧米』毎日新聞社

駒井　卓　ルィセンコ問題のその後『遺』三（五）二〇～二三　ネオメンデル会編『ルィセンコ学説』改訂版　二四二～二五一

佐藤重平　遺伝性は環境の支配をうけるか『科学世界』（二四）一二～一六

佐藤重平　進化学説の歴史的変遷　ネオメンデル会編『進化学説の展望』三～三六

佐藤重平　二つの世界、二つの生物学のイデオロギー『遺』三（六）一二一～一二四　ネオメンデル会編『ルィセンコ学説』改訂版　二六八～二八三

佐藤重平他　遺伝と環境『遺』三（三）四三～四八

篠遠喜人　遺伝学はどこまで進んでいるか『科朝』九（五）一一～一八

高梨洋一　ソ連におけるルィセンコ論争の発展『遺』三（六）二五～二八　ネオメンデル会編『ルィセンコ学説』改訂版　二五二～二六七

武谷三男　批判は如何に行うべきか『ニューエポック』一（三）八～一一　『文化論』（一九五三）理論社　一七七～一八六

田中克己　遺伝粒子説と前成説『科』一九（九）四〇六～四〇九

田中義麿　ルィセンコの人物、ゴ博士のルィセンコ排撃『遺』三（五）二四～二五

田中義麿　ルィセンコ学説余談　ネオメンデル会編『ルィセンコ学説』改訂版　二二五～二三四

長塚義男　ルィセンコ学説とメンデリズムを綜合する作業仮説の提案『生』一（三）一二九～一三六

中村政雄　『ソヴィエト科学概観』岩崎書店　なお中村『ソヴィエト科学の水準』（一九五〇）岩崎書店は、この本と同内容

ネオメンデル会編『現代遺伝学説』北隆館

ネオメンデル会編『進化学説の展望』北隆館

ネオメンデル会編『ルィセンコ学説』改訂版　北隆館

浜田秀男他　『ミチューリン：ソ連農業の父』柏葉書院

葉山英二　虎山先生研究図『遺』三（六）三二～三五

牧　司　書評（ネオメンデル会・ルィセンコ学説）『生』一（二）五九～六〇

的場徳造　ソヴェートの農学『ソヴェートの科学』八九～一三四

諸星静次郎　ルィセンコ学説をめぐって『遺』三（六）二九

八杉竜一編　『ソヴェートの科学』日本評論社

八杉竜一　『進化と創造』岩波書店

八杉竜一　『ロシヤの科学者』弘文堂

八杉竜一　批判に答える『理』（一）三（五）八七～九六

八杉竜一　ルィセンコの主張『自』四（一〇）一四～二〇

八杉竜一　ラマルキズムとダーウィニズム　ネオメンデル会編『進化学説の展望』三七～七二
山浦　篤　三つの論文『遺』三（五）二三
山川振作　ルィセンコ学説とその反響『前進』（一八）七八～八五
デール　ルィセンコ論争『遺』三（九、一〇）三六～三八
ゴールドシュミット（田中義麿）ルィセンコ遺伝学批判　ネオメンデル会編『ルィセンコ学説』改訂版　二三五～二四一
ラッセル　ソ連の科学は発展しうるか『ニューエポック』一（三）二～六
八杉竜一他訳編『ソヴェト生物学論争』ナウカ社

一九五〇年

飯島　衛　実験と仮説『生』二（四）一四五～一五〇
飯島　衛　冬小麦と猩々蝿『思』（三一七）二三～四一
石井友幸『生物学と弁証法』古明地書店
石井友幸『新しい遺伝学』時事通信社
石井友幸　ダーウィニズムとルィセンコ学説『遺』四（二）四三
石井友幸・木原均　ルィセンコ論争『朝日新聞』三月二日号
井尻正二　科学の党派性『アカハタ』三月二四、二五日号
小熊　捍　メンデルの苦笑『遺』四（一〇）二一
木田文夫　遺伝後成学説について『遺』四（四）二四～二六
吉川秀男　遺伝学者は協力を求めている『遺』四（四）一
吉川秀男　メンデリズムのゆく途『遺』四（一〇）一九～二〇
木原　均　リセンコの遺伝学とその反響『自』五（二）四四～四九、（三）六〇～七二
木原　均　バビロフの追憶『遺』四（二）一二～一六
木原　均　リセンコ学説の批判『遺』四（三）二～九
木原　均　八杉氏に答えて『自』五（七）一一
駒井　卓　メンデリズムの半世紀『遺』四（一〇）一〇～一一
佐藤七郎　レペシンスカヤ女史の細胞新生説について『民』（三）二
佐藤重平　科学の分化と協力『遺』四（三）一
高崎恒雄　育種実践家の立場から遺伝学を見る『遺』四（九）一四～一八
高梨洋一　ソ連における栄養雑種の研究『遺』四（二）一八～二一
高梨洋一他『大地の支配者ルィセンコ』北隆館
高梨洋一他　ルィセンコ学説の勝利（下）『前』（四六）一〇六～一二〇
武谷三男『続弁証法の諸問題』世界評論社
武谷三男　哲学・科学における最近の二潮流について『理』（二）（一三）五五～六七
田中克己　後天性遺伝論としてのルィセンコ学説『遺』四（八）二四～二八
田中克己　いわゆる〝新しい遺伝学〟の本態『遺』四（四）二〇～二三
田中克己　〝遺伝〟の定義と遺伝学論争『生』二（四）一八五～

一九〇
田中義麿　『遺伝学』第七版　裳華房
田中義麿　「栄養雑種」の追試『遺』四（八）一四
千島喜久男　獲得性遺伝の諸問題『生』二（四）一七四〜一七八
徳田球一　自然科学者ならびに技術者諸君に望む『自』五（一）四八〜五〇
徳田御稔　進化学とメンデル式遺伝学『生』二（二）四九〜五七
中井哲三　ルィセンコ学説の勝利（上）『前』（四五）一〇三〜一一五
中島健蔵他　二〇世紀科学の現在と将来『世界評論』五（一）五七〜六九
日本共産党科学技術部編　『ソヴィエトの科学と技術』三一書房
野口弥吉　栽培学と育種学の現状と将来『農学』四（一）八〜一二
福島要一　書評（ソヴィエトの科学と技術）『科』二〇（一〇）四八一
福島要一他　ルィセンコ学説をめぐって『新しい農業』五（四）六八〜七四
的場徳造他　圃場に生きるルィセンコ『若い農業』五（八）六〜一三
真船和夫　J.Huxleyのルィセンコ学説批判『生』二（一）三〇〜三四
八杉竜一　『生物学』光文社
八杉竜一　『近代進化思想史』中央公論社
八杉竜一　ルィセンコ学説の新発展『自』五（二）三八〜四三
八杉竜一　ルィセンコ論議への私見『自』五（五）七六〜八〇
山田坂仁　反映論について『理』〔一〕四（一）一四〜三五
　『認識論』三笠書房　四六〜八八
山田坂仁　客観主義について『理』〔二〕四（六）六五〜七四
若林保司　田中・木田両博士の論争を読みて『遺』四（七）三〇
グラス（湯浅明）　今日の生物科学『遺』四（一）二〇〜二四
マラー　近代的知識に対する迷信の悲劇的物語り『遺』四（八）四五
マラー（二宮信親）　奴隷の科学『遺』四（一一）二〜七
スツディトスキー（田中克己）　蝿好きの人嫌い『遺』四（八）二〜九
大竹博吉他訳編　『ルィセンコとその学説』ナウカ社
大竹博吉訳編　『ミチューリンとその学説』ナウカ社

一九五一年

飯島　衛　八杉氏の進化論史への質問『生』三（三）一三〇〜一三五
飯島　衛　田中義麿氏「後天性の諸問題」読後感『生』三（四）一六九〜一七〇
飯島　衛　読後雑感『生』三（四）一九二
井尻正二　最近の進化論研究について『民科研究月報』（一）

六〜九
井尻正二　徳田御稔氏「進化論」『生』三（四）一六五〜一六七
梅谷与七郎　『形質と環境』岩波書店
清沢茂久他　キクイモとヒマワリの接木に関する研究『遺』五（五）三〇〜三四
草野信男　細胞発生についてのレペシンスカヤの説『生』三（四）一八三〜一八四
駒井　卓　徳田御稔「進化論」『生』三（四）一六一〜一六三
佐藤七郎　レペシンスカヤの細胞観『生』三（四）一九〇〜一九一
佐藤七郎　レペシンスカヤ女史の細胞新生説（続）『民』（四）二〜三
渋谷寿夫　徳田御稔氏著「進化論」をよむ『生』三（四）一六三〜一六五
竹中　要　生命単位としての細胞の不要『遺』五（一〇）一一四〜一一二
田中義麿　後天性の諸問題　木原均他編『進化』共立出版　六
田辺振太郎　生物学の認識操作に関する覚書『生』三（三）一一九〜一二二　『唯物論的弁証法の研究』（一九五八）三一書房　九一〜一〇〇
千島喜久男　獲得性遺伝の諸問題（続）『生』三（二）九〇〜九六
徳田御稔　『進化論』岩波書店
徳田御稔　後天性遺伝の問題『生』三（四）一七〇〜一七一
八杉竜一　〝評価〟についての問題の提起『科』二一（四）二〇〇〜二〇一
八杉竜一　徳田氏「進化論について」『生』三（四）一六七〜一六九
柳島直彦　微生物の変異『生』三（四）一五五〜一六一
O・P・レペシンスカヤ　細胞前の時期における生命現象の発展について『生』三（四）一八四〜一八七
O・B・レペシンスカヤ　鶏卵蛋白における生物学的構造の発展『生』三（四）一八八〜一八九
ザークル（長島礼他）ソヴエトにおける科学の死『遺』五（五）四〇〜四六、（六）四〇〜四七、（七）二五〜三三、（八）二五〜三三

一九五二年

天野重安　レペシンスカヤの細胞発生論をめぐって『生』四（三）一二七〜一二八
井尻正二　『地質学の根本問題』民科地学団体研究会
菊池謙一　下伊那のミチューリン運動『理』（二）（一九）一一四〜一二二　『夜明けの記録』一九五五　一八八〜二〇四（ただし一部改変）
菊池謙一　秋まき麦のヤロビの成果『ソヴエト知識』一（四）二二〜二五
吉川秀男　抵抗性の遺伝生化学『科』二二（三）一三九〜一四三
高梨洋一　ルィセンコ学説の新展開『生』四（三）一二一〜一

二七
高野喜一他　レペシンスカヤの〝細胞新生説〟の追試について『生』四（二）六八～七二
竹中　要　ふたたび〝レペシンスカヤの人造細胞〟について『遺』六（二）三六～三九
千島喜久男　細胞の新生分化および分裂『生』四（一）二〇～二八
徳田御稔　『二つの遺伝学』理論社
徳田御稔　「進化論」の批判に答える『生』四（一）四二～四五
日本共産党　当面の文化闘争と文化戦線統一のためのわが党の任務『前』（六八）三五～六二
沼田真他　『生物学史』中教出版
福島要一　ミチューリン学説の基礎『ソヴェト知識』一（四）一八～二二
民科京都支部自然科学部学生部　書評（八杉竜一・近代進化思想史）『生』四（三）一四〇～一四一
八杉竜一　生物学史の方法論について『生』四（一）四五～四七
山口清三郎　ダーウィン　本田喜代治他監修『近代思想十二講』富士出版　二四三～二六七
吉松広延　レペシンスカヤの細胞説について『生』四（一）二八～三一
ザークル（長島礼他）『ソヴィエトにおける科学の死』北隆館
サフォーノフ（勝田昌二他）『変革の生物学』青銅社

一九五三年

飯島　衛　T・ルィセンコ『改造』三四（一）二八六～二八八
飯島　衛　ヤロビの村をたずねて『自』八（九）六四～七一
池田　一　ヤロビムギの研究『農朝』八（一〇）三〇～三二
石井友幸　ミチューリンの雑種説『遺』七（八）二～六
石井友幸　新しい遺伝学　ネオメンデル会編『現代遺伝学説』改訂版　三一三～三六一
井尻正二　進化論の盲点『自』八（二）四二～四八、（三）五四～六三　徳田御稔編『現代の進化論』九～五八
井尻正二　敢えて論駁せざるの弁『自』八（五）五二～五三
宇佐美正一郎　植物生理学　山口清三郎編『生物の歴史』一四五～一七二
宇佐美正一郎　微生物の進化『自』八（七）二八～三七　徳田御稔編『現代の進化論』九三～一二五
亀井健三　植林と巣まき法『農朝』八（一一）二三～二五
菊池謙一　『日本農民のヤロビ農法』蒼樹社
菊池謙一　ヤロビと刺戟との関係『農朝』八（六）三一～三二
吉川秀男　遺伝学　山口清三郎編『生物の歴史』二〇三～二二八
倉林正尚　遺伝学の対立について『生』五（三）一一七～一三三
栗林農夫　『ヤロビの谷間』青木書店
佐藤七郎　レペシンスカヤ説の正しい理解のために『生』五（一）四一～四二

佐藤忠雄他　〝進化に関するアンケート〟への答え『生』五（二）九四～九五
高市恵之助　新中国農業の技術改良『農朝』八（二）三四～三五
高島米吉　「低温処理」か「常温ヤロビ」か『農朝』八（六）二六～三一
高梨洋一　複穂の出来る原因『農朝』八（九）三四～三八
竹中　要　遺伝学はただ一つ『遺』七（五）四二～四四
千島喜久男　レペシンスカヤ説に対する天野氏の反論への検討『生』五（一）四〇～四一
徳田御稔編『現代の進化論』理論社
徳田御稔　進化論の〝盲点〟をうめる『自』八（三）二～一二『現代の進化論』五九～九二
徳田御稔　〝自己運動〟について『自』八（五）四九～五二
徳田御稔　二つの遺伝学『農朝』八（九）三二
沼田　真『生態学方法論』古今書院
原　光雄　自然科学の階級性『思』（三四五）八～二〇『自然弁証法の諸問題』（一九五四）法律文化社　一三四～一六四
福島要一　イネムギの種子冷蔵処理『農朝』八（一）五一～五二
福島要一　各地の結果をもっと集めて『農朝』八（六）三二
福本日陽　誰でもやれるヤロビ農法『農村文化』三三（七）二五～二九
福本日陽　ヤロビは育種法でない『農朝』八（八）三二～三五
福本日陽　進化と生産　徳田御稔編『現代の進化論』二〇三～二三〇
古川朝海　北信のヤロビ『民教』（二）六～一三
細川輝彦　ソヴェトの科学をめぐって『科朝』一三（一〇）四八～四九
松浦　一　ルィセンコ学説をめぐって『自』八（九）七～一三
松浦　一　遺伝性の変化『生物進化』二（二、三）八四～八七
松浦　一　書評（ソヴェトにおける科学の死・二つの遺伝学）『科』二三（三）一五五～一五六
松尾孝嶺　農民のなげき科学者のなげき『農朝』八（六）三三
柳下　登　調査に参加して『民教』（三）三～一〇
八杉竜一『人間生物学』光文社
八杉竜一　進化の内因と外因『自』八（四）一〇～一五
八杉竜一　自己運動とは何か『自』八（六）一三
八杉竜一　生物学における比較的方法『生』五（二）七九～八四
八杉竜一　進化論の歴史　山口清三郎編『生物の歴史』二六五～二九九
八杉竜一　政治と科学の自由——ルィセンコ遺伝学が投じた問題点『日本経済新聞』一月二五日号
山口清三郎編『生物の歴史』毎日新聞社
吉岡金市他『植物の改造』三一書房
吉岡金市他『農業生物学と農業技術』理論社
吉岡金市　枝小麦の育成『農園』二八（一二）一四四五～一四四六

吉岡金市　学説の直輸入は危険『農朝』八（六）三二～三三
吉岡金市　枝ムギを作ろう『農朝』八（九）三八～三九
オパーリン（江上不二夫他）ルィセンコ理論の生化学的基礎『科』二三（九）四五三～四五七
クック（山村静男）ソ連の遺伝学『遺』七（八）一九～二二
サフォーノフ（勝田昌二他）『続変革の生物学』青銅社
ファイフ（柘植秀臣）『ルィセンコ学説の勝利』蒼樹社
ラヴィノヴチ（青山貞雄）ソ連科学をめぐる人間像『遺』七（三）二五～二七、（四）三三～三五
ルィセンコ（大竹博吉）『農業生物学』二　ナウカ社
レペシンスカヤ（東大ソ医研）『細胞の起原』岩崎書店
レーベデフ（福本日陽）『ミチゥリン伝』青銅社

一九五四年

朝日　稔　ミチューリン運動の問題点二つ『民』（三〇）三
飯島　衛　農学と生物学の落差『生物進化』一（四）九一～九四
池田　一　ヤロビ農法を再検討しよう『農朝』九（八）五四～五七
池田　一　ヤロビ農法の理解のために『機械化農業』（二四一七）五四～五七
池田一他　ヤロビ農法の検討（一）『農園』二九（五）六七三～六七四
石井友幸『進化論の教室』厚文社
井尻正二　古生物学的な進化論とミチューリン学説との関係『生物進化』一（二）四二～四四
磯田政恵『新しい畜産』理論社
岩下友紀　暖地でのムギ類ヤロビの成績『農朝』九（九）四七～四九
宇佐美正一郎　ヤロビの生化学『自』九（一一）四六～五三
江口　渙　ミチューリン運動に対する悪質な妨害者『伊那の農業』（四九）
S 会 員　埼玉県のヤロビを見学して『民』（二七）六～七
ＡＢＣ　日本ミチューリン会結成大会『自』九（五）二九
大塚勇二　新中国のヤロビ『農朝』九（一〇）四二～四三
加藤忠夫　長野農試のヤロビ実験をめぐって『農朝』九（二）二九～三一
菊川徳市　日本版〝生物学論争〟『自』九（三）四〇～四一
菊池謙一　ミチューリン運動の問題点『前』（八九）四七～五五
菊池謙一　ヤロビの村から『改造』三五（二）二〇二～二一七
菊池謙一他『緑の教室』理論社
吉川秀男　日本のミチューリン学派とその農法について『生』六（二）九〇～九一
吉川秀男　メンデリズムは正しい『遺』八（九）一六～二一
清沢茂久　宮下義賢氏の論文を読んで『遺』八（四）三〇～三一
栗林農夫『日本農村のめざめ』理論社
駒井　卓　遺伝学と進化学『遺』八（三）三二～三三
駒井　卓　ルィセンコの失脚『遺』八（九）四～七

近藤康男　田植のない農業『自』九（四）四五～四七
近藤康男他　日本のヤロビ『改造』三五（五）六四～七五
斎藤一雄　ヤロビ運動の問題点『生』六（二）九一～九二
佐藤重平『基礎進化学』裳華房
渋谷寿夫　自己運動について『生』六（三）一二三～一三〇
　『生態学の諸問題』（一九五六）一五九～一八一
杉　充胤『ヤロビの理論』理論社
杉　充胤『ヤロビの実際』理論社
高島米吉　ヤロビと温度『農朝』九（四）三七～三九
高島米吉　イネの無効ブンケツをさぐる『農朝』九（九）五六～五八
高梨洋一　日本における遺伝学論争『図書新聞』一〇月三〇日号
高野喜一　卵黄の組織的変化過程について『生』進化特集号　三九～四二
高山健一郎　ミチューリン運動の発展『前』（九〇）六八～七四
竹中　要　ルィセンコの似而非遺伝学『遺』八（九）八～一二
田中義麿　ソ連遺伝学界明朗化の兆あり『遺』八（九）一三～一五
柘植秀臣　私の見てきたソ連『科朝』一四（四）二一～三一
柘植秀臣　ソ連の科学界を視察して『遺』八（六）四～八
柘植秀臣　ルィセンコ会見記『朝日新聞』一月二五日号
柘植秀臣他　みてきた世界の学界、ソ同盟・中国『理』〔二〕（二二）五～二五
柘植秀臣他　ソ連生物学の現状を語る『遺』八（一〇）四～一九
徳田御稔『やさしい進化論』理論社
徳田御稔　ヤロビ農法『科朝』一四（二）八〇～八一
徳田御稔　創造的ダーウィニズム『理』〔二〕（二二）六一～七二
徳田御稔　アメリカ進化論の傾向『生』進化特集号　六四～六八
戸塚　績　あるべき姿『民教』（四）二～三
友次　義　農業教育の壁をうちやぶるもの『理』〔二〕（二五）四六～五二
永丘智郎「ヤロビの谷間」論『朝日本文学』三月号　一五〇～一五三
永沢記者　日本ミチューリン会の誕生『農朝』九（四）三五～三七
中島哲夫　ヤロビする農民たち『地上』八（六）一七八～一八二
新潟ミチューリン会『ミチューリン農法による増産の記録』蒼樹社
早坂一郎他　進化シンポジウム綜合討論『生』進化特集号　六八～七三
早船チヨ　日本ミチューリン会結成大会で『新日本文学』六月号　一五八～一六二
福島要一　ソ連・中国・北鮮の印象『朝日新聞』九月一三日号
福本日陽　進化の問題における〝自己運動〟について『民』（三

二）一

石井友幸他　『育種の理論の実際』理論社

松浦　一　西欧の遺伝学者たち『自』九（一一）四五

松浦　一　書評（ソヴェト遺伝学）『科』二四（一一）五八五～五八六

松浦一他　ミチューリン運動から学ぶ『理』〔二〕〔一二〕八〇～一〇三

松尾孝嶺他　ヤロビは増収するか『農耕と園芸』九（一一）四六～五二

宮下義賢　キクイモの接木『遺』八（二）一七～二〇

三宅驥一　二つの遺伝学『遺』八（九）三

宮山平八郎　接木雑種の追試について『科学図書』五（一）一〇

民科大阪支部生物部会　農民も学者も一緒に『民』〔二九〕五

民科農技研西ヶ原班　科学者の手記『理』〔二〕〔一二〕七二～七九

民科農技研西ヶ原班　農民の科学運動と科学者『理』〔二〕〔一七〕六九～七三

無　署　名　ヤロビ農法をつく　農業改良局研究部の見解『理』〔二〕〔一三〕六八

無　署　名　ヤロビ農法を検討する『週刊朝日』四月四日号

柳沢宗男他　ミチューリン学説とヤロビ農法の成書から『生』六（一）九三～九七

山岸秀夫　農学の正しい発展のために『新しい農法研究会誌』〔三〕三～五

山下孝介他　はたして増収するか『地上』八〔六〕一八三～一八五

湯浅　明　生物学の冷戦『遺』八（一一）三一～三五

吉岡金市他　『日本のミチューリン農法』青銅社

吉岡金市他　『イネの生物学』青銅社

吉岡金市　日本の稲と〃ヤロビ農法〃『自』九（一）七四～八二『日本のミチューリン農法』三一～五四（ただし一部改変）

吉岡金市　日本の〃ヤロビ農法〃について『自』九（三）七二～八二『日本のミチューリン農法』五四～八七（ただし一部改変）

吉田敏治他　生存競争説批判『生』進化特集号　五五～六〇

ウォロビヨフ（田村亥佐雄）『ミチューリン遺伝学の基礎』岩崎書店

グルシチェンコ（高梨洋一）『植物の栄養交雑』岩崎書店

コムニスト誌　科学と生活『思』〔三六一〕六六～七九

ミチューリン（石井友幸）『ミチューリン選集』一　ナウカ社

ミチューリン（大竹博吉）『ミチューリン選集』二　ナウカ社

メリニコフ他（和気朗）『ダーウィニズムの基礎』理論社

モートン（柘植秀臣）『ソヴェト遺伝学』蒼樹社

大竹博吉他監訳『ソヴェト生物学論争』ナウカ社

一九五五年

朝日　稔　ミチューリン運動と科学者『生』七（一）三五

飯島　衛　日本のミチューリン運動『日本読書新聞』三月二一

日号
池田　一　ヤロビ農法の検討（二）『農園』三〇（四）五八九～五九〇
池田　一　日本におけるミチューリン生物学『自』一〇（五）六〇～六五
伊藤嘉昭　朝日氏の批判に答える『生』七（一）三六～三七
伊藤嘉昭　生存競争説をめぐる諸問題(I)(2)『生』七（三）一一六～一二二、（四）一六七～一七四
宇佐美正一郎　物質代謝と生命現象『国』（三）一四～二一
宇佐美正一郎他　植物の発生とヤロビザチャ『生』発生特集号四五～四九
江上不二夫他　ソヴェトおよび中国の生物科学を語る『科』二五（八）四一三～四二一
太田嘉四夫　生存競争の説『国』（七）二四～三〇、（八）三四～四三、（九）一七～二五
笠原潤二郎　トマトの栄養雑種『岩手大学農学部報告』二（二）一四九～一五七
菊池謙一『夜明けの記録』理論社
清沢茂久　キクイモとヒマワリの接木に関する諸問題『生』遺伝特集　二八～三二
倉林正尚　メンデリズム批判『生』遺伝特集　四〇～四五
鎮目恭夫　ルィセンコ理論の物理的基礎？『科』二五（一一）五七六～五七七
篠遠喜人　ナスのつぎ木実験『科』二五（一二）六〇二～六〇七
杉　充胤　イネのヤロビ、その後の研究と成果『農朝』一〇（三）六四～六六
杉　充胤　作物の育ち方とヤロビ『農朝』一〇（八）五八～六一
田中実他　ソヴェト科学の現状と将来を語る『科学の実験』六（六）一八～二九
田村　猛　ヤロビ農法の技術的考察『農村』三三（九）三九～四二
徳田御稔　種の現代像『自』一〇（一〇）三〇～三九、（一一）五六～六五、（一二）二二～三一　『続二つの遺伝学』（一九五六）一四四～二二四
徳田御稔　ミチューリン・ルィセンコ学説をめぐって『科学の実験』六（六）六五～七一
友次　義　ヤロビ処理した大豆『生』発生特集　四九～五一
中村禎里　二つの生物学と学生の態度『民科都立大班ニュース』（一三）一〇～一二、（一四）一一～一四
沼田　真　生物学における環境観とその評価『生』七（二）七四～八〇『生態学の立場』古今書院（一九五八）一四八～一六六（ただし一部改変）
野口弥吉　ソヴェト連邦の遺伝育種学『農朝』一〇（四）三四～三六
ＰＱＲ　ミチューリン運動の一年間『自』一〇（四）一九
福島要一　ソ連の育種『遺』九（八）五〇～五三
福本日陽　ソヴェトにおける動物の栄養交雑の研究の進展『生』七（二）八〇～八二

藤瀬一馬　日本ミチューリン会第二回全国大会に参加して『生』七（一）二三

松浦　一　訪ソ見聞あれこれ『自』一〇（一）三二～三五

松浦　一　メンデリズム批判『自』一〇（一〇）三～一〇

松浦　一　ソヴェトの遺伝・育種学界を視察して『生』七（一）三二～三四

松浦　一　メンデルとミチューリン『ミ』（一〇三）

民科札幌支部生物部会　北海道ミチューリン大会第二回大会から『生』七（二）八九～九二

八杉竜一　生物学の歴史と現代の課題『科学史研究』（三三）一～七

吉岡金市　イネの適温と温度処理『農朝』一〇（四）六八～七二

コナレフ（大滝研也）禾本科植物の胚の核蛋白質と核酸に対する春化処理の影響『生』七（一）一七～一九

ツィツィン他（笠原潤二郎）植物の遠隔栄養交雑『生』遺伝特集　三三～三八

フェドロフ（柘植秀臣他）動物の高次神経活動における遺伝について『生』七（一）二四～三一

プラトーノフ（寺沢恒信）種と種の形成にかんする討論の若干の哲学的問題『現代ソヴェト哲学』（一）三〇五～三一二

ホール（杉山信太郎）胚移植後のコムギとライムギとの交雑『生』遺伝特集　三八～四〇

ルィセンコ他（宇佐美正一郎他）『ソヴェト生物学』みすず書房

ルバシェフスキー（福本日陽）『ミチューリン生物学の哲学的意義』三一書房

ルバシェフスキー（藤井宏）生物進化の過程における矛盾について『国』（四）一八～二五、（五）一七～二九
　『ミチューリン生物学の哲学的意義』の第三章第四節の訳

一九五六年

朝日新聞社説　ルィセンコの退陣『朝日新聞』四月一一日号

朝日　稔　「生存競争説」批判『国』（一〇）五八～五九

飯島　衛『入門生物学』新評論社

石井友幸　生命論とミチューリン生物学『民』（四一）三～四

伊藤嘉昭　生存競争をめぐる諸問題(3)『生』八（一）二八～三三

碓井益雄他『生物科学辞典』みすず書房

梅谷与七郎　中間派的遺伝学の立場から『自』一一（九）五〇～五七

笠原潤二郎　混精受精について『科朝』一六（一一）八〇～八三

亀井健三『巣まきのはなし』理論社

亀井健三　ソヴェトの農業技術『農園』三一（四）五二七～五三一

菊池謙一　ルィセンコの総裁辞任について『アカハタ』四月一六日号

吉川秀男　ルィセンコ説の問題点『科』二六（三）一五一～一五四

吉川秀男　ルィセンコ説の運命『科読』八（五）一九～二三

木戸良雄　ヴァヴィロフの復活『自』一一（六）二四～二五

倉林　尚　進化論『自』一一（五）五四～六〇

駒井　卓　ルィセンコの後退『読売新聞』四月一六日号

佐藤重平　学問の自由の回復へ『朝日新聞』四月一二日号

篠遠喜人　ナスのつぎ木『科読』八（一）四一

渋谷寿夫『生態学の諸問題』理論社

杉　充胤『ヤロビの研究』理論社

鈴木善次　日本ミチューリン大会第三回全国大会に参加して『民』（四一）二～三

W　ルィセンコ辞任の波紋『科朝』一六（七）一一〇～一一一

千島喜久男　レペシンスカヤならびに私の細胞の起源をめぐる論争『国』（一一）五一～五八

柘植秀臣　おかしなルィセンコ騒ぎ『図書新聞』六月二日号

徳田御稔『続二つの遺伝学』理論社

徳田御稔他　ルィセンコの辞任をめぐって『自』一一（七）一九～二三

長塚義男　遺伝学の動向『生』八（四）一七三～一七九

成田義三　遺伝の原形質説について『生』八（一）四一～四三

丹羽小弥太　国際遺伝学会から、縦断記『自』一一（一二）六一～六五

日本共産党茨城西部地区委員会　茨城西部地区の農民運動『前』（一一七）八〇～九一

野口弥吉　グルシチェンコ博士を迎えて『自』一一（一二）六六

福島要一　表面だけでは分らぬ『朝日新聞』四月一二日号

伏見康治他『進化――その必然と偶然』中山書店

松村清二　問題は実験の成果――植物の混精受精について『科読』八（一一）二八～三〇

松浦　一　運動の新しい方向『ミ』（一一三）

松浦　一　ルィセンコ辞職について『ミ』（一一三）

松浦一他　ルィセンコ学説をめぐって『生』八（四）一六〇～一六六

松田道雄　理論の党派性ということ『自』一一（九）二四～二五

八杉竜一　ソ連学界の脱皮か　ルィセンコ退任の意味『毎日新聞』四月一一日号

八杉竜一　波紋を投じたルィセンコ辞任『図書新聞』四月二一日号

ヴァカール（寺沢恒信）種と種の形成に関する問題によせて『現代ソヴェト哲学』（二）三一七～三二四

科学通信社（山岸宏）科学の進歩と百家争鳴『自』一一（一二）一一～一三

カリフマン（和気朗）ミツバチの栄養交雑『生』八（四）一七九～一八六

グルシチェンコ（八杉竜一）植物細胞間の遺伝的異質性『科』二六（一〇）四九六～五〇〇

グルシチェンコ（八杉竜一） 植物の混精受精『科読』八（一二）二二～二七
ルイセンコ（大竹博吉他）『農業生物学』一 ナウカ社
ルイセンコ ミチューリン学説の今後の発展のために『国』（一一）四四～五〇

一九五七年

伊藤嘉昭 戦後の科学技術・ミチューリン生物学 武谷三男編『自然科学概論』第一巻 勁草書房 三〇五～三一八
宇佐美正一郎 物質代謝と進化『思』（三九三）一一～一九
菊池謙一 「ミ農業」の東京移転にあたって『ミ』（一六九）（一七〇）
駒井 卓 遺伝進化学進歩の用件『思』（三九四）一三三～一三八
清水孝造 ヤロビも一服のてい『ミ』（一五八）
杉浦三郎他 宮坂さんの意見をめぐって『ミ』一五九
高橋徳三 ヤロビは綜合技術の一部としてとりいれよう『ミ』（一五三）
武谷三男 現代遺伝学と進化論『思』（三九三）三八～四八
千島喜久男『新生物学の基礎』（I）明文堂
徳田御稔『改稿進化論』岩波書店
中村禎里 自然科学の階級性について『評論都立大学』（一二）三八～四〇
福島要一 栄養雑種についての問題点『科』二七（三）一四五～一四六
福本日陽 実用主義と権威主義の反省『日本ミチューリン会研究部研究ニュース』（九）二五～二六
松浦 一 日本におけるミチューリン運動について『ミ』（一七五）（一七六）
松浦 一 遺伝学の現状とミチューリン農業の展望『ミ』（一五〇）
無署名 仲間達の智恵と力の結集を『ミ』（一五六）
無署名 巾の広い科学運動として新しい前進『ミ』（一五〇）
八杉竜一 生物進化論における仮説と実証『思』（三九三）二七～三七
黄谷（山岸宏） 百家争鳴下の遺伝学『自』一二（三）一九～二二

一九五八年

石井友幸 「ミ農業」を東京にむかえるにあたって『ミ』（一八二）
吉川秀男 ミチューリン・ルイセンコ説 芦田譲治他編『遺伝と変異』共立出版 一〇一～一一四
木下明美 百姓の友人としてもっと役立つものに『ミ』（一九五）
鎮目恭夫 一〇年目のルイセンコ説と徳田氏への提言『自』一三（四）一一～一七
鎮目恭夫 遺伝子論と量子論の交渉『自』一三（九）一三～一九

杉　充胤　ミチューリン主義の再確認『ミ』（一八一）
鈴木善次　接木雑種の研究史『科学史研究』（四七）一三～一八
田中義麿　後天形質の遺伝の問題『科』二八（六）一七六～一八〇
千島喜久男『新生物学の基礎』（II）明文堂
徳田御稔　英ソで盛大な記念祭『科読』一〇（八）一八～二三
名子重光　確実な成果を上げて『ミ』（一九七）
間　和夫　茄子の栄養雑種をめぐる問題『生』一〇（四）一七二～一七七
松浦　一　ダーウィン「種の起源」の現代的意義　宮地伝三郎編『ダーウィニズムと現代の諸科学』理論社　一四三～一七八
松浦　一　日本における「ミチューリン運動」の回顧と展望『ミ』（二〇〇）
山岸　宏　最近のソヴェト生物学の動向『生』一〇（一）三九～四一
山岸　宏　ルイセンコ説をめぐる一〇年間『科読』一〇（八）四〇～四二
ルイセンコ（亀井健三）　生物学的種と種の形成について『現代ソヴェト哲学』（三）二三〇～二六七

一九五九年

黒田長久　適応の諸問題『生』一一（四）一六九～一七四
筑波常治『日本農業技術史』地人書館
松浦一他　動物・植物・鉱物（II）『自』一四（六）五三～五七
八杉竜一　ダーウィニズムとイデオロギー『思想の科学』（中央公論社）（四）五四～六〇

一九六〇年

池橋　宏　近代遺伝学の諸問題『生』一二（二）五二～五六
石井友幸『進化論の百年』新読書社
井尻正二他　ダーウィン進化学説と現代生物学『前』（一六六）一六一～一八〇
佐藤七郎　遺伝学と進化学の諸問題　武谷三男編『自然科学概論』第二巻　勁草書房三七一～三九〇
佐藤七郎　三位一体論の克服『民』（四八）一〇～一二
鎮目恭夫　二つの経済学と二つの遺伝学『思』（四三五）八六～九七
沼田　真　生物学の流れ　沼田真編『近代生物学史』地人書館一～三五
広重　徹『戦後日本の科学運動』中央公論社
真船和夫　生物の進化　沼田真編『近代生物学史』地人書館一七八～一九五
民科生物部会京都支部　戦後生物学の再検討『民』（四七）八～一〇
柳島直彦　遺伝学のあゆみ　沼田真編『近代生物学史』地人書館　一〇九～一二六
プラトーノフ　ダーウィニズムとマルクス主義の関係『前』

（一六六）一八一〜一九五
プラトーノフ（寺沢恒信）ダーウィン理論の哲学的意義『現代ソヴェト哲学』（五）三一五〜三二四
無署名（森下周祐）「植物学雑誌」のただしくない見解と今後の活動について『生物学史研究ノート』（八）三二〜三七

一九六一年

木村資生　ソ連における放射線遺伝学の研究『遺』一五（四）四〜八
駒井　卓　ソヴェト遺伝学の現状『遺』一五（六）一五〜一六
筑波常治『日本人の思想』三一書房

一九六二年

佐藤七郎　分子生物学について『アカハタ』一二月二七日号
千島喜久男　私の生命探究四〇年の成果総括『岐阜大学学芸学部研究報告（自然科学）』三（四）五四〜六九
徳田御稔　生物学の方法『唯』〔三〕（一二）一一四〜一二二
柳下　登　接木雑種の基礎的な実験と問題点『生』一四（一）一六〜二四
八杉竜一　ソビエトでの生命論『生』一四（四）一八五〜一八九
フェイギンソン（亀井健三）『遺伝学の根本問題』日本ミチューリン会

一九六三年

宇田　一『ソ連における育種事業と遺伝学説』北隆館
鎮目恭夫　アメリカの歴史学者ジョラフスキー氏のルィセンコ問題分析について『生』一五（二）八七〜八九
千島喜久男『現代医学・生物学の変革』広文堂
徳田御稔『進化学入門』紀伊国屋書店
八杉竜一　ソビエト科学についての議論『生』一五（一）四〇
ワディントン　ロシアの生物学者と語る『科』三三（六）三一二〜三一五

一九六四年

中村禎里　日本のルィセンコ論争史・序説『唯』〔三〕（一八）三〇〜四〇
中村禎里　日本のLysenko論争『科学史研究』（七〇）四九〜五九
中村禎里　日本のMichurin運動『科学史研究』（七一）一〇九〜一一七
丸毛　忍　ソ連農業科学の現状『科読』一六（三）五二〜五五

一九六五年以後にも関係文献がいくらか出ているが、このリストは一九六四年出版までで打ち切ることにする。

あとがき

この著作は、私の研究成果といった類のものではない。相当のエネルギーを費したのだから、苦労はしたが、著作のねらいや内容から言うと、一種の「白書」である。戦後日本の科学思想史で、重要な位置をしめるルィセンコ論争の全貌を、まとめ、残しておこうと、私は考えた。

自然科学の論争白書のこころみは、過去においてもほとんどないようである。お手本にする模範がない上に、私の未熟のせいもあって苦心した。論争の筋道を明示することと、論争当事者の思想の全体としての特徴を正確に伝えることとは、しばしば両立しがたかった。論争の脈絡を通すと、論者の主張の一面をはぶかなければならなかったり、あるいはその反対になったりする事態にしばしば追いこまれた。そのため、読みづらくなったり、登場する人々の思想の表現に、不十分さがあったりしたであろうが、おゆるし願いたい。

また、「むすび」という項をもうけて、私の感想をいささか述べた。これは「白書」としての目的から言っても、ほんの蛇足にすぎないが、御批判をいただきたい。

最後に、いくたりかの人々に感謝の言葉を申しあげる。

飯島衛、佐藤七郎、里深文彦、白上謙一、鈴木善次、筑波常治、生井兵治、広重徹、森下周祐、矢沢

静江、八杉竜一、米田満樹、渡辺啓の各氏およびミチューリン会事務局から、資料の提供をお受けし、あるいは、その閲覧の便宜をはかっていただいた。とくに、これらのうち多くの人々は、ミチューリン・ルィセンコ学説の評価、あるいは論争の見方について、私とちがった意見をもっておられ、しかもそのことを承知の上で、協力をおしまれなかった。それだけに、貴重な御援助であったと思っている。

この論争史の下書きは、ごく一部をのぞいて、一九六二年の秋から翌年の春にかけて、私の大学院学生時代の最後の年につくられた。ちょうどその頃、大学院自治会は、大学管理法反対の闘いでいそがしかった。しかし私は『日本のルィセンコ論争』の資料を集め、その原稿を書くために必要な時間を持つ機会は、大学院を終えれば、しばらくやってこないだろうと判断した（この判断は、不幸にして的中した）ので、大管法反対闘争に、すこし手をぬかしてもらった。そのぶんだけ、富家雅子、満田正両氏に御迷惑をおかけすることになった。その間、発生学研究室の構成員としての義務をかなり怠った。わがままを許していただいた団勝磨先生その他の方々にも、感謝している。

私がまだ一〇代の時、鶴内孝之氏から、はじめて、ルィセンコ学説の存在を教えられた。私が生物学を専攻するようになったのも、そしてルィセンコ論争史を書くことになったのも、この旧友の影響があったからこそである。氏に心から感謝の言葉を述べたい。

すでにこの著作の一部は短縮して、『科学史研究』（一九六四年七〇、七一号）および『唯物論研究』（一九六四年一八号）に発表ずみである。再録をゆるしていただいた、日本科学史学会、唯物論研究会にも感謝したい。最後に、出版の支援あるいは世話をしていただいた金関義則、岡部昭彦の両氏および、みすず書房の松井巻之助氏にあつくお礼を申しあげる。

一九六七年十月

中村禎里

三〇年をへて
——アマチュア研究者とスターリン主義

なにから書きはじめようか。『日本のルィセンコ論争』は、私の最初の著書であった。意識はしていなかったが、いま思いかえせば、私はこの著書に、物心ついてから原稿を書いていた時期までのおのれの反省と希望を凝縮しようとしていた。そのことについてまず語りたい。したがって、以後の叙述はいくらか自伝的になるが、お許しいただきたい。

国民学校（現在の小学校）四年のとき、太平洋戦争が開始された。この年、私は沖野岩三郎の『虹のをぢさん』を買ってもらった。ある実在人物の半生を語った子供向けの物語である。詳細な筋書きはほとんど覚えていない。あやふやながら、要約をしよう。

椋平広吉という小学校しか出ていない男が、丹後宮津に住んでいた。かれは気温や水温を毎日まめに測定しなければ気のすまないマニアックな習慣の持ち主であった。ある日椋平は、上空に奇妙な形の虹を見た。円形ではなくいびつに歪んでおり、かれに強い印象をあたえる。そしてまもなく大きな地震が大地をゆさぶった。かれは異様な虹が地震の予兆ではないかと推定し、以後いくたびかその種の虹に遭遇すると、そのつど方角・高度・形状を記録しつづけた。その結果かれは、虹の状態から地震の発生時期・場所・規模を予知できると信じるにいたる。しかし専門家は相手にしてくれない。近所の子供たちは椋平を「下駄ばきの博士さん」と囃したてた。ただ藤原咲平だけが、あたたかくかれを励ましてくれた。

現在ではかれの虹（椋平虹）の地震予知性は、完全に否定されている。けれども私にとって、そのことはどうでもよい。小学校しか出ていない「下駄ばきの博士さん」が、ひとつの現象を発見する。かれは、ただ好奇心と自分の発見が世のなかに貢献するという信念に導かれ、人生のすべてを虹のために費やした。

二〇世紀においては、アマチュアが自然科学の発展に大きな寄与をなす可能性はほとんど失われた。巨大で高価な機器、膨大なランニング・コスト、必要な専門的知識とトレーニングは、この世界へのアマチュアの参入を拒む。しかしささやかな研究なら、まったく不可能とは言えない。私がわずか一〜二年ながら生物学研究の現場にいたときのテーマは、メダカの卵が育つ水温と、孵化後の仔魚の形態・行動の関係であった。これくらいの研究なら、だれにでもできる。もちろん生物学上の価値は無視しての話である。ついでながら、このテーマとルィセンコの植物における発育段階の研究との類似を見てとるのは容易ではないか。

大学院の学生時代、つまり本書の原稿を書いていたころ、アルバイトで女子高校の講師をしていた。偏差値も進学率もあまり高くない高校であった。その三年生のある子が、「先生、高校を卒業したら、生物の研究をしたいんです。どうしたらよいでしょう」と聞きにきた。本人は大学に進学するつもりもなく、仮に受験しても、どこかの大学の生物学科に入るのは不可能だったろう。私はすでに、生物学をやめて科学史に専念するつもりになっていたので、どうすることもできない。自分の就職口ですら、探しあぐねていたのだから。「それ無理だよ。いまじゃね、大学院をでても、なかなか研究するポストはないんだからね」と突きはなしたが、心のなかでは、「私が生物学の研究を継続するのならば、私がやっていたメダカの研究を、この子に引きつぐことはできるのだが」と思った。

研究は、いわゆる研究職にある人の独占物であってはならない。研究の機会は、意欲を持つ者にあたえられるべきであって、偏差値・学歴や肩書きに応じて配分されるべきものではない。学界の動向に無知なアマチュアは、自分のいわば独善的な考えをもとに研究することを恥じないであろう。そしてそれらの考えの大多数は幻想であり、妄想にすぎないかもしれない。椋平の場合も、結果はそうであった。しかし、それでかまうことがあろうか。現在の日本の大学院大学や大研究所、および重点研究の科研費を集中的に獲得している機関の研究者と異なり、アマチュア研究者は国民の税金を盛大に投入してもらっているわけではない。かれらの着想の百にひとつが、幻想でも妄想でもないケースがあるならば、それだけでかれらの存在を尊重する根拠が十分認められてよい。いやなによりも、自分の心身の力をふりしぼって、自分の判断で、未知の世界に立ち向かう人の姿は、それだけで感動的ではないか。

少年時代の私の心に刻みこめられた尊敬すべき科学者の原像は、アインシュタインでもなければ野口英世でもなく、椋平広吉と藤原咲平であった。ちなみに、生物学をこころざしたのちの私に、もっとも大きな感動をあたえた科学者の伝記は、イルチスの『メンデルの生涯』である[1]。メンデルもまた、一介のアマチュア研究者にすぎなかった。

ルィセンコもまた、どこかアマチュアの影をもつ研究者であった。そのかれはどうか。メンデルの学説は生前において世に認められず、死後はじめてその絶大な意義が評価された。他方、ルィセンコは生存中に祖国において比類なき名声を得、死後にはかれの学説を評価するものは絶えた。同じアマチュア的生物学者であったのに、運命の対照は皮肉という形容を越える。このことをふくめ、ルィセンコについて論じる前提として、まずソ連の社会主義に関する私の意見を述べなければならない。

ソ連社会主義国家の出現と滅亡が二〇世紀の人類にとって超一級の社会的・思想的事件であったことは、言うまでもない。その根源と歴史的経過をたどることは、現在の私には不可能であり、余命を考慮するならば未来の私にとっても不可能であろう。ロシア語ができない私がそれを試みるのは、学問的には不健全でもある。しかし、かつて社会主義ソ連に希望を託したことがある私は、社会主義、とくにスターリン主義に関する総括を、重い重い責任として、死ぬときまで背負っていかなければならない。『日本のルィセンコ論争』は、初期において責任をわずかにはたす手段にもなったのだが、そしてその点では自負するところもあるが、のちに定説として知られるようになった事態は、『日本のルィセンコ論争』を書いた三〇年前には理解しがたかったであろうほど、深刻であることがわかってきた。

私たちより一世代前の人たちのかなりの部分は、昭和の戦争の責任を明らかにしている。ところが私たち昭和一桁世代の現左翼・元左翼は、スターリン主義の問題を、他人事のように、どこか自分と別世界のできごとであったかのように、「忌むべき穢れ」として語るのみである。かれらは、自分たち（もちろん私を含む）がスターリン賛歌を声高く合唱していた青春の思い出の一こまを、祓い捨てたに違いない。[2]

ここは、自分の姿が見えなくなるまでつづく宿題に答える場所ではない。問題を特殊な限定された面から考えておこう。周知の通り、スターリンの粗暴な性格は、つとにレーニンによって指摘されていた。スターリンのこの性格が、ソ連社会主義の欠陥にとってどれだけ本質的な意味があったのか、私は自分の意見を確定できない。ただし、一九一八年一月における憲法制定議会の解散に、諸悪の萌芽がきざしたと考えている。このときには、スターリンだけでなく、レーニンもトロツキーもブハーリンもそろっていたのだ。そののちの党内民主主義とソ連全体における思想・言論の自由の圧殺、さらには反対派の追放と多少の肉体的抹殺までは、スターリン以外の指導者のもとでもなされたかもしれない。しかし反対者の肉体の大量抹殺、および政治犯の大量創出とその奴隷的労働力への転用が、スターリン以外の指導者によって実行され得たかどうかわからない。

いずれにせよスターリンの粗暴な性格をはぐくんだのはなにか、という疑問が残る。遺伝なのか。遺伝もあったかもしれない。しかしそれだけではないと思う。レーニンなどが国外の亡命先でコーヒーをすすりながら、読書と討論を通じて革命の思想と構想を練りあげていたとき、スターリンはツァーリの暴力的支配のもとに、凄絶な非合法革命活動に身を挺していたのである。このような経過が、かれの性格と同僚にたいする異様なコンプレックスをつくりあげたのではないか。

さてわがルィセンコの生育環境はどうか。かれはウクライナの農民の子として生まれ育った。キエフの園芸専門学校で学んだと伝えられるが、それにしては生物学に関するかれの知識が貧弱なのは不思議である。少なくともかれは、大学で高度な専門的訓練を受けた生物学者・農学者とはちがった発想の持ち主だったようだ。それがかれの忌むべき欠陥だとは、私は少しも思わない。その限りにおいては、ルイセンコはもうひとりの椋平だったと評し得るのみである。

ルィセンコは、大学の偉い学者が現場を知らないと批判していた。想像するに、かれは人一倍農業研究に熱心であり、みずからの能力に恃(たの)むところがあった人ではないか。そしてそのぶんだけエリート研究者に対するコンプレックスとルサンマチマンを肥大させていったのではないか。私はこの点についても、とりわけルィセンコを非難したくはない。あるいは椋平も、似たような心境にあったかもしれない。

『虹のをぢさん』においては、少年の心に訴えかけるかれの純粋な面だけが描かれていたとも思われる。問題は、コンプレックスをバネにして、心と行動をどの方向に向けていくかである。この点で椋平とルィセンコでは、ずいぶん違う状況におかれていた。ルィセンコのコンプレックスとルサンチマンは、権力と結託してみずからを小スターリン化し、エリート科学者を大スターリン的刑罰システムに引き渡し、かくてかれらに復讐をとげる方向に導いたのである。この点で椋平とルィセンコの人生は、まったく異なる決着を見た。

関連して、『日本のルィセンコ論争』発行後に確認された二つの事実にふれておく。第一に、ルィセンコ学説をめぐる論争に、スターリンが直接関与していたことか明らかになった。それは、以前からある程度推定され得たことではあった。なぜならルィセンコは、一九四八年の農業科学アカデミー総会における結論演説で、かれの報告がソ連共産党中央委員会に承認された、と述べている。そして当時、中央委員会はほとんど機能を停止し[3]、スターリンの指示がそのまま中央委員会の決定と宣言されていたようだ。しかし、スターリンの関与の直接の証拠が発見されたことは重要である。

農業科学アカデミー総会でルィセンコが行った冒頭演説および結論演説の草稿を、スターリンがみずから添削していたのである[4]。あたかも指導教授が弟子の論文に手を入れるように、こまごまと添削している。誤記を直したり文章の前後を逆にさせたりもしている。それはそれとしてスターリンは、ルィセンコの最初の原稿に本質的な変更を要求してはいない。両者の基本的立場は一致していたのだ。ただしスターリンによって変更を求められた字句を見ると、「ソビエト生物学」を「科学的生物学」に、「ブルジョア的観念論的哲学」を「観念論的哲学」に変更するなど、ルィセンコの表現のどぎつさを和らげようとする傾向に気がつく。

そこで、次の結論が引きだされるであろう。まずルィセンコによって提起された生物学の論争にスターリン自身が関心をもち、ルィセンコを支持する立場からこれに関与していた。では、表現のどぎつさの緩和の意味はどこにあったか。ロシアノフが指摘しているように、この時期以後のスターリンには、自然法則・社会法則の客観性を強調する発言が目立つようになった。スターリンが、マルクス・レーニン・スターリン主義に反する思想と妥協しようとしたわけではない。自分たちの思想が、党派的な思想ではなく客観的真理に迫る唯一の思想であることを、主張したかったからにすぎない。『ソ連における社会主義の経済的諸問題』（一九五二）には社会法則の客観性について論じられており、また『マルクス主義と言語学の諸問題』（一九五〇）における言語の非階級性の主張も、以上とどこかで通底するだろう。

『日本のルィセンコ論争』以後に確認されたあとひとつの事実はバビロフの運命に関するものであった。本書において、ルィセンコの打倒目標であったバビロフは、一九四二年にシベリアで死去したという木原均が得た情報を紹介したが、いまではかれがイギリスのスパイなどの罪を着せられて死刑の判決を受け、一九四三年にサラトフの刑務所で獄死したことが判明している(5)。

もちろんルィセンコにとって、小スターリンになる以外の選択の余地がなかったわけではない。かれは、いわば進んでスターリンの弟子になったのである。私だって一九五〇年以来三年ほどの間日本共産党の「国際派」に属し、スターリンを尊敬していた。しかしその原因を、情報の不足など状況の困難のせいにするつもりは毛頭ない。だからこそ重い負担を負っており、それは身から出た錆なのだ。しかし同時に、一九五〇年前後の学生運動に参加して大学を追われた経歴が、私の恥だとは決して思わない。むしろその逆である。もうひとつ言うと、私には、ソ連型の社会主義も、スターリンの思想も、ルィセンコの主張も、百分の百まで否定するべき対象だとは思われない。ひととき、私のように矮小な者だけでなく、高い知性と深い洞察力、豊かな道義心を持った多くの人々によっても支持されていた思想に、悪の極致以外の意味がまったくないということがあり得るだろうか。誤解しないでいただきたいが、べつに私はある種の知的エリートや政党人を揶揄しているつもりはない。

ぼつぼつ『日本のルィセンコ論争』の本筋に話を移す。かれの学説の評価について、追加するべきことはほとんどない。私の意見は、原則として正しかったと思う。しかし二つほどのコメントを付しておこう。ルィセンコの遺伝学説は、かれの罵倒対象になったモーガンの初期の主張と酷似する。一九一〇年五月までのモーガンは、一九三〇年代のルィセンコと同様に、遺伝性は物質交代のパターンだとみなしており、またメンデルの法則はより多様な遺伝現象の一部のみにあてはまる特殊な規則にすぎないと考えていた。モーガンは、一九一〇年七月に、ふるくメンデルが主張した理論を承認するにいたる。そのいきさつについては、すでに詳述したことがある[6]のでくりかえさない。ルィセンコは、モーガンが転向を余儀なくされた根拠を学ぶことはなかったのだ。ついでながら、ルィセンコの罵倒対象のあとひとりは、メンデルであった。三者の間の因縁は、まことに奇妙と言わざるをえない。

気になるのは栄養雑種のゆくえである。私は本書で、その分子生物学的な解明を期待した。残念ながら期待はいまだに満たされていない。メドヴェジェフ[6]は、栄養雑種に対しても否定的である。あるいは私が甘かったのかもしれない。メドヴェジェフは、栄養雑種はトマトにおいてのみ得られており、トマトで台木の遺伝とされる性質は、実は接穂の側の潜在的な遺伝的性質があらわれたにすぎないだろう、と指摘している。たしかに旧ソ連・日本のいずれにおいても栄養雑種の成果と称されるものは、トマトをふくむナス科でなされた例が多い。しかし旧ソ連でもイネ科・マメ科・ミカン科の研究報告があるし[7]、日本ではバラ科についても栄養雑種が得られたと報告されている[8]。いずれにせよ、日本産の栄養雑種の標本は残っているはずである。目の肥えた植物遺伝学者が見れば、真の雑種であるか、見せかけであるか判定できるのではないか。そのために必要な労力はわずかであろう。万一本物の雑種の可能性が認められれば、DNA分析も不可能とは言えないのではないか。

日本科学思想史の一こまとしてのルィセンコ論争についても、付論の必要はない。私は、本書の発行後まもなく、テーマを拡大して戦後日本マルクス主義科学論争史を執筆するための準備をはじめた。ところが、ちょうど組合の創立運動と給与体系の無からの作成に取りかかっている時期とかさなり、やがて大学紛争に対する私なりの対処にも忙殺されるにいたった。かくて、この計画はたちまち停滞し、そうこうしているうちに、関心は他にそれていった。もともと私の内面において、どうしても考えを詰めなければならない問題ではなかったせいもある。

とはいえ、より広く戦後唯物論史について言えば、偏見を排除してもういちど評価しなおすべき仕事も少なくないと思われる。あまり注目されていない例をひとつだけあげる。晩年は毛沢東思想の祖述者となり魅力を失ってしまった松村一人の、変革過程と過渡期の論理の問題提起[9]は見なおされてよい。そして全盛期の松村が、スターリン思想の強力な影響のもとで仕事を進めていたことは、まちがいない。問題提起より先の、かれの具体的な論議と結論に関しコメントするつもりはないし、またそれらがスターリン主義とどうかかわるかについて、いまの私に判断する余裕はない。

ミチューリン運動に関する問題に話を進める。[10]この運動を支えた農法は、ヤロビであった。ヤロビ農法は、費用も手間も比較的かからないという利点があったにもかかわらず、二〜三年の全盛期に世に喧伝されたのちたちまち衰退し、消滅してしまった。『日本のルィセンコ論争』において私は、化学肥料や農薬の多量投入をふくむ新技術の導入の成果が、ヤロビによる増収を圧倒してしまったのであろう、と推定した。もしこの推定が当たっており、ヤロビにも相当の増収効果があったのだとしたら、多肥料・多農薬農法が自然破壊と食品汚染の一因として糾弾されつつある現在、無公害まちがいなしのヤロビが見なおされてよいはずではないか。無害な農法として話題にのぼっている有機農業は、段当生産性から言っても、労働力吸収性から言っても、報告されたヤロビの効果にはとても匹敵しない。ヤロビ全盛時代に不足しがちな唯一の設備は冷蔵庫であった。けれども冷蔵庫は、今やほとんどの農家に普及している。にもかかわらず、ヤロビはなぜ復活しないのか。ヤロビにはもともと効能がなかったのではないか、という疑念が私の心から離れない。

『日本のルィセンコ論争』の原稿が仕上がったとき、私はその出版を望んだ。ところが二つの出版社から断られた。やがて私は高校の教師の職についたが、研究の継続と教育・校務・組合活動の両立に苦しんだ。私の生きがいは研究のほうにあった。だから、ずるずるとなりゆきに任せると、研究のみに多くの暇を費やし、教育は投げやりになると予測された。鬱屈した精神状態から脱し、心の平静に達するために、私は研究を断念しなければならないと決断した。そして研究生活の最後の自己確認として、一回分のボーナスをはたきタイプ印刷本を自費でつくることにした。そして印刷の進行中に、立正大学教養部への就職の誘いを受けた。これについては、故野島徳吉氏と鎌谷親善氏の斡旋があった。わずかの部数知人に配っただけのタイプ印刷の本が、科学雑誌や書評新聞で紹介されるのは異例であるが、岡部昭彦氏と筑波常治氏が、その異例の紹介をしてくださった。もちろん私が頼んだわけではないし、お二人は頼まれたからといって書評を引き受けるような人でもない。おそらくそれがみすず書房の故松井巻之助氏の目にとまり、松井氏が出版の話を持ちかけてくださった。その間に、金関義則氏、富田徹男氏の仲介をいただいたことも承知している。

そこで思うのだが、みすず書房の好意を得ることもなく、また大学の教師の職につく機会もないままで、研究をあきらめ高校の教育に専念していたとしたら、本書は、前身のタイプ印刷のままで終わっていただろう。私は、運に恵まれていただけの話ではないか。本書程度の論稿は、あちこちで日の目を見ることなく篋底（きょうてい）にとどめられ、消失していきつつあるのではないか。そのことがとても恐ろしい。かくて私の思いは、不利な境遇で奮闘する研究者、アマチュア研究者の問題にもどっていく。

本書は一九六七年一一月に、『ルィセンコ論争』というタイトルで出版されたが、この機会にタイプ印刷のときの表題『日本のルィセンコ論争』に戻すことにした。

最後になったが、本書をこのような形で再刊するように配慮してくださった原純夫氏をはじめ、みすず書房編集部の方々に厚くお礼を申しあげたい。また原氏からは、ルィセンコ関係の文献についてお教えをいただいた。ふたたび思いがけないご好意を得た本書と私は、ほんとうに幸せ者であった。

一九九六年一一月一九日

中村禎里

(1) イルチス、H（長島礼訳、一九四二、原著　一九二四）『メンデルの生涯』創元社。

(2) 一九五〇年代のおわりごろから、日本においても反スターリン主義を標榜する左翼党派の活躍が目だつようになった。しかしかれらのスターリン主義批判の対象は、主として一国社会主義論にあったように思われる。いわゆる「内ゲバ」の悲惨は、かれらが支配システムとしてのスターリン主義の継承者でもあったことを示す。

（3）カレール＝ダンコース、H（志賀亮一訳、一九八五、原著　一九七九）『ソ連邦の歴史』II、新評論。

（4）Rossianov, K. O., "Joseph Stalin and the 'New' Soviet Biology," *ISIS* 84, pp. 728-745.

（5）メドヴェジェフ、Z・A（金光不二夫訳、一九七一、原著　一九六九）『ルィセンコ学説の興亡』、河出書房新社。

（6）中村禎里（一九八二）「現代遺伝学の創始」、中村編『二〇世紀自然科学史』6、三省堂、八三〜一二一ページ。

（7）笠原潤二郎編訳（一九五八）『ソ連における動植物の栄養雑種に関する研究』、農業生物学研究会。

（8）吉岡金市（一九七〇）「ナシとリンゴ――リンゴとナシの接木雑種」、『ミチューリン生物学研究』六巻一・二号、八〜二二ページ。

（9）松村一人（一九五〇）『弁証法と過渡期の問題』、伊藤書店。

（10）この部分は、中村禎里（一九八〇）「ミチューリン運動回顧」、『クライシス』四号、五五ページ、の抄録である。

中村禎里
日本のルィセンコ論争
新 版
米本昌平解説

2017 年 7 月 10 日　印刷
2017 年 7 月 18 日　発行

発行所 株式会社 みすず書房
〒113-0033 東京都文京区本郷 5 丁目 32-21
電話 03-3814-0131（営業） 03-3815-9181（編集）
http://www.msz.co.jp

本文組版 キャップス
本文印刷所 三陽社
扉・表紙・カバー印刷所 リヒトプランニング
製本所 松岳社

ISBN 978-4-622-08620-8
［にほんのルィセンコろんそう］

著者略歴

（なかむら・ていり）

1932年，東京に生まれる．1958年，東京都立大学理学部卒業．1967年，立正大学教養部講師．その後，助教授，教授を経て，1995年から同大学仏教学部教授．2014年歿．著書『生物学と社会』（みすず書房，1970）『生物学を創った人びと』（日本放送出版協会，1974）『危機に立つ科学者』（河出書房新社，1976）『日本人の動物観』（海鳴社，1984）『狸とその時代』（朝日新聞社，1990）『河童の日本史』（日本エディタースクール出版部，1996）ほか．

解説者略歴

（よねもと・しょうへい）

1946年，愛知県生まれ．科学史家．三菱化成生命科学研究所，科学技術文明研究所を経て，現在は東京大学教養学部・客員教授．著書『遺伝管理社会』（弘文堂，1989）［毎日出版文化賞受賞］，『地球環境問題とは何か』（岩波新書，1994），『知政学のすすめ』（中公叢書，1998）［吉野作造賞受賞］，『優生学と人間社会』（共著，講談社現代新書，2000），『バイオポリテイクス』（中公新書，2006）［科学ジャーナリスト賞受賞］，『バイオエピステモロジー』（書籍工房早山，2015）ほか．

索　引

サ

タ

ナ

ヤ

ラ

ワ